新时代职业教育课证融通新形态一体化教材

中职生安全教育教程

主　编　李　昱　余　音
副主编　肖洪峰　郑　礼

西北工业大学出版社

西　安

【内容简介】 安全教育是学校教育的重要组成部分。本书从中职学生的学习与生活实际出发,讲述了中等职业院校学生突发事件预防与应对方法及安全知识,旨在让中职学生对生命安全、社会安全、校园安全、意外伤害与防范、食品及卫生防疫安全、心理健康安全、交通安全、实训实习与择业安全、户外安全与自然灾害防范、急救安全等方面的知识有充分了解,帮助中职学生增强安全防范意识,最终促使其自觉提高应对和预防安全事故的能力,促进其身心健康发展,从而进一步维护中等职业院校正常的教学和生活秩序,加强学校对学生安全的有效管理。

本书视角新颖、内容翔实,集理论性、实践性和可操作性于一体,既可作为中等职业院校安全教育课程的教材,也可作为广大读者学习突发事件应对方法与安全知识的参考用书。

图书在版编目(CIP)数据

中职生安全教育教程 / 李昱,余音主编. -- 西安 ：西北工业大学出版社,2024. 8. -- ISBN 978-7-5612-9446-8

Ⅰ. G634.201

中国国家版本馆 CIP 数据核字第 20240JH328 号

ZHONGZHISHENG ANQUAN JIAOYU JIAOCHENG

中 职 生 安 全 教 育 教 程

李昱　余音　主编

责任编辑:李文乾　党　莉　　　　　　　　　**装帧设计**:薛静怡

责任校对:高茸茸

出版发行:西北工业大学出版社

通信地址:西安市友谊西路 127 号　　　　　邮编:710072

电　　话:(029)88491757,88493844

网　　址:www.nwpup.com

印 刷 者:河南理想印刷有限公司

开　　本:889 mm×1 194 mm　　　　　1/16

印　　张:10.75

字　　数:310 千字

版　　次:2024 年 8 月第 1 版　　　　2024 年 8 月第 1 次印刷

书　　号:ISBN 978-7-5612-9446-8

定　　价:37.80 元

如有印装问题请与出版社联系调换

前言 PREFACE

随着我国职业教育的不断改革,校园的开放性逐渐增强,校园周边的环境日益复杂,各种安全问题和治安问题也日渐增多。为了保障中职学生的人身财产安全,确保其能顺利完成学业,学校越来越重视对中职学生的安全教育。

本书旨在使广大中职学生增强自我保护的意识和能力,牢固树立生命高于一切的理念。本书的编写以中职学生面临的安全问题和中职学生的学习特点、行为习惯为基础,采用案例分析的方式来讲解相关安全知识。具体来说,本书具有以下特色。

1.立德树人,同向同行

党的二十大报告指出:"育人的根本在于立德。"本书有机融入党的二十大精神,秉承能力教育与素质教育同向同行的理念,将素质教育潜移默化地融入安全知识讲解中。例如,在"案例导入"和"案例思考"小模块中,通过案例的导入与思考,着重培养中职学生的安全防范意识;又如,在每个模块前设置"学习目标",在正文中穿插"知识拓展""学以致用""普法小课堂"等小模块,旨在培养中职学生正确的世界观、人生观、价值观,使其自我保护能力得到培养的同时,人文素养也能得到全面提升。

2.形式多样、设计灵活

本书体例新颖、科学合理、层次分明,重点体现以学生为主体的教育理念,培养学生学科知识结构化思维,有利于教师的教与学生的学。

3.内容全面,突出重点

本书内容涉及中职学生学习和生活的方方面面,为中职学生提供了全方位的安全教育知识。同时,本书也摒弃了一些远离学生实际生活或不具备普遍意义的安全教育内容,突出了实用、够用的特点,内容深度适宜,语言通俗易懂,实用性和针对性较强。

本书采用模块化结构,每个模块以"项目导语""学习目标"展开,其中每个项目以"案例导入""案例思考"展开介绍具体内容。

4.版式丰富,体例新颖

本书设置了"小贴士""学以致用"等丰富的小模块,这些小模块具有较强的实用性、指导性、警示性和趣味性,不仅可以提升中职学生的阅读体验,而且能帮助其更好地理解安全知识,掌握安全技能。

在编写本书的过程中,参考了大量的资料和文献,在此向其作者表示衷心的感谢。

由于水平有限,书中难免存在疏漏和不足之处,敬请广大读者不吝赐教,以便今后修改完善。

编　者

2024 年 6 月

目 录
CONTENTS

模块三　生活生产安全技能篇

模块一 基础安全常识篇

项目一 生命安全教育

📝 项目导语

　　生命是一个古老而沉重的话题，生命安全教育既是人全面发展的需要，也是学生健康成长的迫切需求。长期以来，政府部门高度重视安全教育工作，积极开展各类安全教育活动，宣传普及安全知识，努力提升广大师生的安全防范意识和自救自护能力。作为一名中职学生，要树立尊重生命、珍爱生命的安全观，学会欣赏和热爱生命，积极配合学校和政府部门学习生命安全教育相关知识的技能，切实提高自身的安全素养。

🔆 学习目标

1.认识生命安全的重要性，热爱生命并享受生命。

2.树立珍爱生命的观念，远离烟酒和毒品。

第一节　认识生命安全

📑 案例导入

三名少年溺水身亡

　　2023年7月5日，浙江省宁波市五个十六七岁的少年结伴前往水库游泳，其中一人不慎落入深水区，两人施救未果，相继溺水，造成三人溺亡。

　　(资料来源：宁波3名少年溺水身亡[EB/OL].(2023-07-07)[2024-06-10].http://zjnews.china.com.cn/yuanchuan/2023-07-07/383426.html.)

案例思考

1.日常生活中应怎样维护自己的生命安全？

2.意外事故突发时，该如何自救或救助他人？

生命安全，既关乎学生的生存与生活，又关乎其成长和发展。学生时期是人生发展任务繁重、心理冲突尖锐、心理动荡剧烈的时期。这一时期学生会接触到很多新鲜事物，又将步入复杂而陌生的环境中。面对这些复杂多变的因素，学生要在日常生活中树立安全意识，认真学习并掌握安全防范知识和技能，养成重视安全的良好习惯，加强自我保护能力，提高自身安全素养。

一、生命安全教育的内容

（一）生命教育

生命教育是指使个体认识生命、保护生命、珍爱生命、欣赏生命、探索生命的意义，实现生命价值的活动，或者指在个体从出生到死亡的整个过程中，通过有目的、有计划、有组织的活动进行生命意识的熏陶、生存能力的培养和生命价值的升华，最终使生命价值得以充分展现的活动过程，其核心是珍惜生命、注重生命质量、凸显生命价值。

（二）安全教育

安全是指没有受到威胁，没有危险、危害或损失的状态。它既包括国家、社会层面的安全，也包括个体层面的安全。安全是人类生存和发展最基本的需要，也是生命和健康的基本保障。安全教育是指教育者对受教育对象施加的以安全问题为主要内容的系统性教育活动和教育影响，也包括受教育对象进行的自我安全教育。

（三）生命安全教育

生命安全教育是指国家、社会、学校和家庭等层面，在保护和珍惜学生生命的基础上，通过宣传教育、引导激励等方式，帮助学生正确认识生命、珍惜生命、敬畏生命，提升安全防范意识，提高学生生存能力和生命质量的教育活动。

二、生命安全教育的目标

（一）珍爱生命

珍爱生命的目标要求学生既能珍惜自己的生命，又能珍爱他人及宇宙间万物之生灵的生命，懂得生命是可贵的，它是一切情感、智慧、美好事物的载体。学生珍爱自己的生命应做到：第一，了解自己的身体构造及生命的基本特征。第二，熟知有关保持身体健康和心理健康的知识，知道如何拥有强健的体魄，并懂得如何维护和增进心理健康。第三，具备基本的生存技能，如懂得在遭雷击、火灾、溺水等危险时如何自救和寻求他救，在野外及没有外援的情况下如何生存等。第四，当遭遇挫折和痛苦时，能调节不良情绪，懂得即使失去一切，也不能失去珍爱生命的信念。

学生珍爱他人的生命应做到：像尊重自己的生命一样尊重他人的生命，不怨天尤人，不伤害他人，能与他人和谐共处。与人相处时有人道主义精神，能遵循"以人为本"的理念，同时爱世间万物，爱护自然，懂得大自然的一切事物都有生命，如践踏草坪、摘折花木、捕捉动物等都是一种伤害生命的行为。

(二)积极主动创造生命价值

与珍爱生命相比,积极主动创造生命价值是对学生更高层次的要求。从哲学意义上讲,生命是一切实践活动的前提和基础,生命存在,发展的可能性就存在,生命与发展的可能性同在。学生不仅要珍爱生命,而且要在拥有美好生命的基础上积极主动地创造生命价值。积极主动创造生命价值这一目标要求学生做到:第一,有理想、行追求,"志当存高远"。要明白成功是在不懈地追求与奋斗中实现的。切勿胸无大志,得过且过,"做一天和尚撞一天钟"。第二,充满青春与活力,朝气蓬勃,血气方刚。第三,无论是身处顺境还是逆境,都能积极乐观地面对,要明白逆境是人生所不可避免的,身处逆境可能是不幸的,但未必是绝望的,关键在于身处逆境时能否做到自强不息。

(三)自觉提升生命价值

与积极主动创造生命价值相比较,自觉提升生命价值是生命安全教育目标中的最高层次。生命本身有着崇高的价值,生命不仅仅意味着肉体的存在,而且作为一种意识观念的载体,其价值并不只在于寿命的延长和外表的美丽,更重要的在于心灵的善良、人格的健全、灵魂的美丽。

第二节　拒绝烟酒

案例导入

17 岁职校学生深夜饮酒身亡

2024 年 3 月 19 日,山西省长治市某职业技术学校一学生小杨在宿舍内饮酒后不幸身亡。据相关人士透露,事发当天晚上 11 点小杨在宿舍内与同学饮酒,因过量饮酒导致小杨发生了意外。同时记者也从有关部门证实,小杨系酒后因呕吐物堵塞气管而窒息身亡。

(资料来源:山西一 17 岁学生身亡,家属称孩子死前曾和同学在宿舍喝白酒 教育局成立专班 [EB/OL].(2024-03-18)[2024-06-10].https://new.qq.com/rain/a/20240318A05R8T00/.)

案例思考

1.青少年饮酒的危害有哪些?

2.如何预防酒精成瘾?

一、吸烟的危害

1.吸烟对青少年身体的影响

吸烟可导致多种疾病,如肺癌、支气管炎、肺气肿、肺心病、缺血性心脏病和其他心血管疾病、胃和十二指肠溃疡等。肺癌死亡人数的90%为吸烟者,吸烟量越多,肺癌死亡率越高。青少年正处在生长发育的关键时期,身体的各种组织和器官尚待发育和完善,精神系统、内分泌功能、免疫功能不稳定,对外界有害物质的抵抗力差,容易罹患多种疾病。青少年吸烟不仅易患感冒、支气管炎、肺炎,还可与成年人一样患肺气肿、肺心病、慢性支气管炎和支气管扩张等疾病。此外,已有研究证明,青少年吸烟还会影响机体和智力的发育。

2.吸烟对青少年行为的影响

吸烟会促使青少年不良品质的滋生。中职学生禁止吸烟是校规校纪所明文规定的,吸烟容易成为学生其他不良行为的媒介,如结交社会不良人员、聚众打架斗殴、逃学等,有些学生甚至可能因无钱买烟而不自觉地走向违法犯罪的道路,个别学生还会因吸烟成瘾而沾染上毒品。

3.吸烟对环境和他人的影响

在封闭的空间内吸烟会污染室内空气,在室外吸烟会破坏环境的清洁和卫生。吸烟不仅危害自身的健康,还会对他人的健康造成损害,吸烟产生的有害气体除了刺激眼、鼻和咽喉外,还会明显地增加非吸烟者患上肺癌和心脏疾病的风险。据调查,与吸烟者共同生活的人患肺癌的概率比常人要多6倍。

4.吸烟可能会引发火灾

吸烟是人为引发火灾的重要原因之一。全国重特大火灾统计资料中记载了大量因酒后吸烟、卧床吸烟、乱扔烟头、违章吸烟等原因酿成的火灾和伤亡事故,触目惊心。学生在宿舍内抽烟很容易引起火灾。学生宿舍人员密集,一旦发生火灾,不仅会造成学校和学生财产的重大损失,还可能危及学生生命。

二、预防吸烟的方法

学生吸烟一直是家长以及学校非常关注的一个问题,很多时候没有好的方法杜绝,想要解决这个问题一定要讲究正确的方式方法,首先就是找到他们吸烟的真正原因,这样才能对症解决,同时在生活中也应该做好预防工作,以下介绍预防学生吸烟的三种方法。

1.做好正确引导工作

很多学生会模仿成人吸烟,他们感觉自己长大了,模仿成人会有一种自我满足的感觉。这个时候老师和家长就应该做好正确的引导工作,告诉他们:一个人成熟与否并不是通过吸烟就能够体现出来的,而是需要承担起很多的责任来体现的。这样才能够让学生有更远大的目标。

2.鼓励学生远离烟草

在日常生活中,不管是老师还是家长,都应该积极鼓励学生,尽量少批评,这样他们才会有一个乐观、积极向上的心态。否则消极的心态出现以后,有些学生会用吸烟的方式来麻痹自己。

3.宣传吸烟危害

每一个老师或者家长在生活中都应该尽量多宣传吸烟对身体造成的危害,可以给学生看一些吸烟导致癌症的病例,这样他们就会更加爱惜自己的身体,远离烟草。

三、酗酒的危害

1.酗酒对生理的影响

酒是纯热能食物之一,在人体内可分解产生能量,但不含任何营养素,过量饮酒会减少其他含有多种重要营养素(如蛋白质、维生素、矿物质)食物的摄入;长期过量饮酒会损伤肠黏膜,影响肠道对营养素的吸收,最终导致人体内多种营养素缺乏。酒中含有的乙醇对肌体的组织器官有直接的毒害作用。对乙醇最敏感的器官是肝脏,连续过量饮酒会损伤肝细胞,干扰肝脏的正常代谢,甚至可导致酒精性肝炎及肝硬化。

2.酗酒对心理的影响

（1）情绪易激动，乱发脾气，判断力不佳，易与人发生冲突，对外界刺激敏感，有高犯罪倾向。

（2）精神恍惚，影响学习和工作效率。

（3）亲友疏离，酗酒者将承受更大的心理压力，从而更容易自暴自弃，陷入恶性循环。

3.酗酒会使人产生酒精依赖

酒精依赖是长期反复饮酒而引起对酒渴求的一种心理状态。酒是一种麻醉剂，是亲神经物质，长期饮用可产生酒精依赖。酒精依赖者中有一部分人在中断喝酒后会出现震颤、幻觉、意识障碍、肌肉抽搐、自主神经功能紊乱等表现，这种表现被称为戒断综合征或酒精依赖综合征，具体临床表现如下。

（1）酒精依赖者对酒的体验。

在开始饮酒后心情很快就会变得愉快，说话变多，紧张疲劳感等全消。正是在这种体验的支配下，酒精依赖者每日不间断地喝酒。

（2）心理依赖。

心理依赖即对酒的渴求，这种渴求的程度随饮酒时间的增长而越来越严重，以致断饮就会出现戒断综合征。为了满足对酒的渴求心理，避免戒断综合征出现，酒精依赖者会出现四处找酒喝的行为。

（3）躯体依赖。

若断饮时出现戒断综合征，则说明酒精依赖者已形成躯体依赖。这时，断饮可出现程度不一的躯体和精神症状。为满足渴求，避免戒断症状的痛苦体验，酒精依赖者会不顾及时间、地点及周围情况等而饮酒。重症者把饮酒变成了一切活动的中心，此时饮酒者的人格已发生了变化。

（4）戒断综合征。

戒断综合征早期表现为焦虑、抑郁、恶心、呕吐、发冷、出汗、心慌、睡眠差、做噩梦，部分酒精依赖者患有高血压；随着戒断进程的不断推进，会出现震颤、幻觉、意识障碍、癫痫发作等表现。

（5）耐受性。

为了达到初期饮酒的良好体验，酒精依赖者的饮酒量逐渐增大，但达到一定程度后，随着酒精中毒程度的加深和年龄的增大，饮酒量又逐渐减少。依赖者常想处于醉酒状态，会出现不讲卫生、不关心周围人的表现。

（6）躯体并发症。

酒精对全身细胞均有毒性，除对中枢神经及周围神经有损害外，对肝、胆、胃、心、肾等亦有损害，还会造成营养不良。

酒精依赖如不尽早治疗，会产生严重后果。治疗的关键是戒酒，但酒精依赖者因对酒的渴求和躯体依赖的存在而常常不能自拔，需要断绝酒源才可获得成功。

四、戒酒的方法

1.调整环境

将酒精和与饮酒相关的物品从生活环境中及时清除，同时应避免与其他酗酒者或饮酒场所的接触，以减少诱惑。

2.替代法

想要饮酒时，可以通过进食饼干、饮用果汁、吃糖果等方式代替饮酒。

3.培养新的兴趣爱好

可以培养新的兴趣爱好，如练书法、看电影、听歌等，或前往户外，寻找其他健康的替代活动（如打篮球、慢跑等)来填补戒酒后的空白时间,转移注意力。

4.行为疗法

行为疗法主要是指厌恶疗法,包括食物厌恶疗法和想象厌恶疗法等,即当患者饮酒时,通过惩罚性的进食等方式,使患者产生厌恶感,最终达到戒酒的目的。

5.药物治疗

当患者因为戒酒存在焦虑、烦躁等异常情绪时,可以遵医嘱服用相关药物,以起到镇静的作用。

戒酒是比较漫长的过程,酒精依赖者需要保持坚定的意志力,此外家人和朋友还要多关心酒精依赖者,通过鼓励与支持使其达到戒酒的目的。

🛡 小贴士

青少年应当远离烟酒

青少年应了解吸烟和酗酒可能引发的疾病,了解烟酒对健康的危害,进一步认识到吸烟酗酒害人害己的严重性,同时应自觉养成文明健康的生活习惯,共创无烟校园。

🖥 学以致用

1.吸烟有哪些危害?如何抵制吸烟行为?

2.酗酒有哪些危害?如何帮助酗酒的人戒酒?

第三节 远离毒品

📑 案例导入

染上毒瘾的小林

某日晚,小林被带进市戒毒所强制戒毒。至此,他方才悔悟:毒品是魔鬼,千万不能碰!

他很后悔自己当初没好好读书,乱交朋友染上了毒瘾。

小林家境富裕,作为家中独子,他自幼受到父母的百般宠爱,在家衣来伸手,饭来张口。进入职校学习后,他与几个高年级的学生交上了"朋友",学会了逃课、抽烟。第二年,小林辍学在家,整天游手好闲,总是向父母伸手要钱,出去与朋友吃喝玩乐,家人拿他一点办法也没有。某天,禁不住朋友的诱惑,小林吸了第一口"白粉",从此欲罢不能。小林说,其实他知道毒品的害处,也曾多次想要戒毒,然而每当毒瘾发作时,他总是败下阵来。"再吸一次,这是最后一次了。"就这样,一次又一次,他越陷越深,不能自拔。

案例思考

1.小林为什么会染上毒瘾?

2.毒品的危害有哪些?

一、毒品的概念

根据《中华人民共和国刑法》第六章第七节第三百五十七条规定,本法所称的毒品,是指鸦片、海洛因、甲基苯丙胺(冰毒)、吗啡、大麻、可卡因以及国家规定管制的其他能够使人形成瘾癖的麻醉药品和精神药品。

知识拓展

毒品的本质内涵

(1)毒品的概念突出了毒品在人体产生的后果。以后果为标准,而不是具体物质,具有很大的包容性。凡有此后果的,经世界卫生组织认定皆可确认为毒品。

(2)毒品在人体产生的后果中突出表现为神经系统症状。

(3)毒品的范畴包括天然、半合成、合成的麻醉品或精神药物。

二、毒品的类型

(1)从来源看,毒品可分为天然毒品、半合成毒品和合成毒品三大类。天然毒品是直接从毒品原植物中提取的毒品,如鸦片类。半合成毒品由天然毒品与化学物质合成而得,如海洛因。合成毒品完全用有机合成的方法制造,如冰毒。

(2)从对人中枢神经的作用看,毒品可分为抑制剂、兴奋剂和致幻剂等。抑制剂能抑制中枢神经系统,具有镇静和放松作用,如鸦片类。兴奋剂能刺激中枢神经系统,使之兴奋,如苯丙胺类。致幻剂能使人产生幻觉,导致自我歪曲和思维分裂,如麦司卡林。

(3)从自然属性看,毒品可分为麻醉药品和精神药品。麻醉药品是指对中枢神经有麻醉作用,连续使用易产生生理依赖性的药品,如鸦片类。精神药品是指直接作用于中枢神经系统,使之兴奋或抑制,连续使用能产生依赖性的药品,如苯丙胺类。

(4)从流行的时间顺序看,毒品可分为传统毒品和新型毒品。传统毒品一般指鸦片、海洛因等阿片类流行较早的毒品。新型毒品是相对传统毒品而言的,主要指冰毒、摇头丸等人工化学合成的致幻剂、兴奋剂类毒品。

普法小课堂

我国对毒品违法犯罪的法律规定

根据《中华人民共和国治安管理处罚法》第七十二条规定，有下列行为之一的，处十日以上十五日以下拘留，可以并处二千元以下罚款；情节较轻的，处五日以下拘留或者五百元以下罚款：(一)非法持有鸦片不满二百克、海洛因或者甲基苯丙胺不满十克或者其他少量毒品的；(二)向他人提供毒品的；(三)吸食、注射毒品的；(四)胁迫、欺骗医务人员开具麻醉药品、精神药品的。

根据《中华人民共和国治安管理处罚法》第七十三条规定，教唆、引诱、欺骗他人吸食、注射毒品的，处十日以上十五日以下拘留，并处五百元以上二千元以下罚款。

三、毒品的危害

(一)吸毒对身心的危害

(1)生理依赖性。

长期吸食毒品会形成一种强烈的依赖性。毒品作用于人体，使人体机能产生适应性改变，形成在药物作用下的新的平衡状态。这时候身体必须在足量毒品的维持下，才能保持正常状态，一旦停止吸食毒品，生理功能就会发生紊乱，出现一系列严重反应，即戒断反应，使人感到非常痛苦。吸毒者为了避免产生戒断反应，就必须定时吸食毒品，并且不断加大剂量，最后终日离不开毒品。

(2)精神依赖性。

毒品进入人体后作用于人的神经系统，使吸毒者出现一种渴求吸毒的强烈欲望，驱使吸毒者不顾一切地寻求和吸食毒品。一旦出现精神依赖，即使经过脱毒治疗，在急性期戒断反应基本控制后，要完全恢复原有生理机能也往往需要数月甚至数年的时间。更严重的是，对毒品的依赖性难以消除。这是许多吸毒者一而再、再而三吸毒的原因，也是世界医药学界尚待解决的课题。

(3)毒品危害人体的机理。

我国目前流行最广、危害最严重的毒品是海洛因，海洛因属于阿片类药物。在正常人的脑内和体内，存在内源性阿片肽和阿片受体。在正常情况下，内源性阿片肽作用于阿片受体，调节着人的情绪和行为。人在吸食海洛因后，抑制了内源性阿片肽的生成，逐渐形成在海洛因作用下的平衡状态，一旦停用就会出现不安、焦虑、忽冷忽热、流泪、流涕、出汗、恶心、呕吐、腹痛、腹泻等症状。这种戒断反应的痛苦，反过来又促使吸毒者为避免这种痛苦而千方百计地维持吸毒状态。

小贴士

吸毒者易染上哪些疾病

(1)营养不良和体重下降。吸毒会引发呕吐、食欲下降，抑制胃、胆、胰消化腺体的分泌，进而影响食物的消化吸收，从而导致吸毒者普遍出现营养不良和体重下降的状况。

(2)呼吸道疾病，如肺纤维化、肺梗塞、肺气肿、慢性支气管炎、肺炎、肺脓肿、肺结核等肺部感染。

(3)艾滋病、性病及各种传染性肝炎。由于许多吸毒者通过共用针具或针头进行静脉吸毒，在通过共用针具或针头进行静脉吸毒时容易感染艾滋病、梅毒以及肝炎等疾病。

(4)感染性疾病,如皮下脓肿、血栓性静脉炎、败血症、细菌性心内膜炎等疾病。

(5)血管损害:局部动脉闭塞、坏死性血管炎、霉菌性动脉瘤。

(6)神经系统损害:急性横贯性脊髓炎、急性感染性神经炎等神经系统疾病。

(7)精神病症状:人格改变和典型的精神病症状以及情绪障碍,如焦虑、抑郁症等。

(8)肾脏疾患:急性肾小球肾炎、肾功能衰竭等肾脏疾病。

(9)皮肤损害,如皮肤斑点、溃疡,手部水肿,接触性皮炎、皮疹、紫斑、瘙痒等。

此外,吸毒还可以引起骨关节、肌肉的炎症和疟疾、破伤风等。

(二)吸毒对家庭及社会的危害

(1)对家庭的危害。

吸毒者在自我毁灭的同时,也破坏自己的家庭,使家庭陷入经济破产、亲属离散甚至家破人亡的困难境地。

(2)对社会生产力的巨大破坏。

吸毒首先会导致身体疾病,影响社会生产,其次会造成社会财富的巨大损失和浪费,同时吸食毒品还会造成环境恶化,缩小人类的生存空间。

(3)扰乱社会治安。

毒品活动加剧诱发了各种违法犯罪活动,扰乱了社会治安,给社会安定带来巨大威胁。

四、学生涉毒的主要原因

(1)受家庭成员的不良影响或家庭教育失当。

学生正处于身心迅速发育的时期,他们充满热情,富有朝气,但价值观还没有完全形成,他们的健康成长离不开家长的精心培育和良好的家庭教育。据调查,吸毒的学生多数都缺乏良好的家庭教育,有的甚至是直接受家长的影响染上毒瘾的,这种家长不仅毁了自己,也毁了孩子。

(2)对危险的好奇和对毒品的无知。

学生思想敏锐,好奇心强,敢想敢做。但其年少懵懂,判断能力不强,在许多新事物面前,一旦把握不好,就非常容易走入误区。他们即使知道"毒害"二字,也对毒在哪里、危害有多大等问题一片茫然,而且对毒品的毒害后果了解得不够深刻,容易经不起他人的引诱和唆使而走上吸毒的道路。

(3)心理不成熟,盲目跟风。

学生思想比较单纯,喜好交往。部分学生对父母和老师的教育不以为意,盲目地去追求所谓的个性独立,极易产生强烈的逆反心理。在这部分群体中,一旦有一个同伴吸毒,就很容易影响其他人。

(4)学校教育管理存在偏差。

目前一部分学校工作的"重中之重"在于提高升学率。为了完成升学目标,教师在加重学生学习负担的同时,也加重了自己的教学负担,很少有时间了解学生的思想状况、关心学生的道德品质,甚至对旷课、逃学的现象不闻不问,久而久之,有些学生就会染上种种恶习,其中就包括吸毒。尽管我国教育委员会已根据吸毒者人群逐渐低龄化的特点,将毒品预防教育纳入了教学大纲,并作为教材发到各个学校,但有些教育部门并未予以充分重视。

五、学生预防吸毒的措施

(1)学习毒品基本知识和禁毒法律法规,了解毒品的危害。

（2）树立正确的人生观，不盲目追求享受，寻求刺激，以免误入歧途。

（3）不听信毒品能治病、毒品能解脱烦恼和痛苦、毒品能给人带来快乐等各种谬论。

（4）不结交有吸毒、贩毒行为的人。如发现亲朋好友中有吸毒、贩毒行为的人，一要劝阻，二要远离，三要报告公安机关。

（5）不进入人员复杂的酒吧、网吧等场所，决不吸食摇头丸、K粉等兴奋剂。

（6）一旦沾染毒品，要积极主动地向老师和学校报告，自觉接受学校、家庭及社会有关部门的监督戒除及康复治疗。

学以致用

1.毒品的种类有哪些？

2.吸毒会带来哪些危害？

项 目 实 训

毒品是严重危害人类健康的物质,它们不仅会对人体造成严重的伤害,还会对人的心理产生极大的影响。长期与毒品接触还会对人的身体健康造成不可逆转的损害,并且会影响社会、家庭、个人的和谐和幸福。

实训内容:为构建文明和谐社会,共建无毒校园,要求在校园内组织开展"珍爱生命 远离毒品"的宣传活动,提高学生对新型毒品的辨识能力和防范意识,引导学生珍爱生命,拒绝毒品。

实训要求:以 3~6 人为一组,以小组为单位开展宣传活动。实训工单见表 1-1,实训评价表见表 1-2。

表 1-1 实训工单

活动时间、地址	
活动内容	
活动的物料准备	
活动人员分配	
宣传方案	
活动实施步骤	
活动中出现的问题	
活动总结	

表 1-2　实训评价表

专业		班级		组别	
姓名		学号		成绩	
实训中遇到的问题					
解决方法					
思考总结					

教师审阅意见：

签名：

年　月　日

项目二　社会安全教育

项目导语

习近平总书记在党的二十大报告中强调:"推进国家安全体系和能力现代化,坚决维护国家安全和社会稳定。"社会安全是国家安全的重要保障。随着社会经济的快速发展,社会财富的不断增加,一些威胁公共领域安全的隐患也在增加,火灾、触电、网络犯罪等事件时有发生,严重威胁着社会的和谐稳定。

学生作为当今社会的重要团体,应该积极参与社会事务,履行自己应有的责任和义务。通过本项目的学习,能帮助其掌握一些基本的防火、防触电常识,并能做到正确使用互联网,使之能够运用相应的防范措施来解决所面对的社会性危害事件,从中培养学生的社会安全意识,从根本上减少或避免社会性事故的发生及人员伤亡。

学习目标

1.掌握校园火灾、家庭火灾及公共场所火灾的防范措施。

2.熟悉安全用电标志,能正确处理触电事故。

3.了解网络综合征的危害,掌握网络综合征的防范措施。

第一节　消防安全

案例导入

南京一小区火灾致 15 人遇难

2024 年 2 月 23 日 4 时 39 分,南京某小区内居民楼发生火灾。火灾虽发生在一楼,但黑色浓烟通过楼道和采光井涌至中高层,从窗户中溢出引燃杂物,导致高层也有部分房间发生明火。据媒体报道,明火被扑灭后,该居民楼 20~34 层的外墙都有被火烧过的痕迹。截至 23 日 24 时,事故共造成 15 人遇难,44 人在院治疗。据该市消防救援支队负责人介绍,经初步分析,火灾为该栋居民楼建筑地面架空层停放电动自行车处起火引发。

（资料来源:15 死 44 伤,南京居民楼火灾为何伤亡严重？[EB/OL].(2024-02-26)[2024-06-10].http://www.zgxwzk.chinanews.com.cn/society/2024-02-26/21297.shtml.)

案例思考

1.造成业主家中损失惨重的原因是什么？

2.如何减少火灾隐患,增强家庭防火安全？

一、家庭防火安全

家庭火灾,往往具有燃烧猛烈、火势蔓延迅速、烟雾弥漫、易造成人员伤亡等特点。部分居民使用煤气或液化石油气,起火后容易形成气体燃烧、爆炸。一些城乡接合部居民所住房屋的房顶是用可燃材料建造的,起火后,火势极易蔓延至顶棚,沿屋顶可燃物迅速燃烧,造成火灾蔓延,导致建筑物倒塌破坏。居民家庭中,发生火灾后往往因为缺少自救能力而造成人员伤亡和严重的经济损失。家庭火灾如果得不到及时控制,还会殃及四邻,使整幢居民楼遭受到火灾危害。

（一）家庭火灾常见的原因

（1）厨房用火不慎。

使用煤气灶、液化石油气灶时,锅、壶中的水过满,溢出后浇灭火焰,泄漏出的煤气、液化石油气与空气混合,遇明火发生爆炸、燃烧;家庭炒菜时,油锅过热起火;在农村,倒出的稻草灰、木柴灰、煤柴灰并未完全熄灭,火星被风带到室外草垛或房顶内的锯末中酿成火灾等。

（2）生活用火不慎。

蚊香等摆放不当或电蚊香长期处于工作状态而导致火灾;停电时用蜡烛照明,来电后忘记吹灭蜡烛,或点燃的蜡烛过于靠近可燃物,使可燃物燃烧蔓延成火灾等。

（3）吸烟不慎。

在家中乱扔烟头,致使未熄灭的烟头引燃家中的可燃物;躺在床上、沙发上吸烟,烟头未熄灭而人已入睡,结果烧着被褥、沙发,造成火灾;使用易燃易爆物品时吸烟引起火灾等。

（4）孩子玩火。

孩子在家中玩耍时会出现玩火柴、打火机,打开煤气、液化气钢瓶上的开关等危险行为,此时如果家长、成年人不在家,就极易引发火灾。一旦起火,孩子不懂灭火常识,常常惊慌逃跑,就容易使小火酿成火灾,最终成为悲剧。

（5）人为纵火。

生活中难免磕磕碰碰,有口角之争,如果相互之间不能宽容一点,礼让三分,势必结怨,此时一些愚昧、自私、狭隘而又缺乏法律知识的人可能放火泄愤,引起家庭火灾事故;或由于精神病患者病情发作,对自己的行为失去控制能力而放火引起火灾。

（二）家庭火灾的扑救措施

（1）室内发生火灾时，要迅速切断火源，再扑灭明火，如果火势发展到不能扑灭的程度，应迅速关闭房门，使火焰、浓烟控制在一定的空间内，并向与火源相反的方向逃生。切勿使用升降设备（如电梯等）逃生，更不要返回屋内取回贵重物品。大火封门无法逃生时，可用浸湿的被褥、衣物等堵塞门缝，泼水降温。被困在高层房间内时，应尽量在阳台、窗口等易被发现的地方等待，并采取高声呼救、敲打桶或盆、挥舞颜色鲜艳的物品等办法引起救援人员的注意。自己身上着火时，不可乱跑或用手拍打，应赶紧脱掉燃烧的衣服或就地打滚，压灭火苗。

（2）如果要冲进火场救人，应先用湿棉被包裹身体，用湿毛巾掩住口鼻，再进入火场。救人期间要注意量力而行，同时防止被倒塌的建筑或家具砸伤。切忌用灭火器直接朝向着火的人身上喷射，大部分灭火剂会引起伤者伤口感染。

（3）发生火灾时，应立即拨打"119"求助，并向消防部门准确提供火灾的详细地址、火势大小、燃烧物种类、有无人员伤亡、现场有无危险品等信息，这将直接关系到消防队的出警规模、救援车种类和采取的救援措施。拨打求救电话后，本人或知情的其他人应到路口引导消防车或救护车。

（4）常见灭火器使用方法。

①二氧化碳灭火器。先拔出保险销，再压下压把（或旋动阀门），将喷口对准火焰根部灭火。使用时要避免皮肤接触喷筒和喷射胶管，以防冻伤。

②干粉灭火器。使用方法与二氧化碳灭火器类似。使用前应先把灭火器上下颠倒几次，松动筒内的干粉，然后将灭火喷嘴对准燃烧最猛烈处，尽量使灭火剂均匀地喷洒在燃烧物表面。干粉灭火器降温效果不强，灭火后要注意防止复燃。

🛡 小贴士

不同火灾类型选用的灭火器如图 2-1 所示。

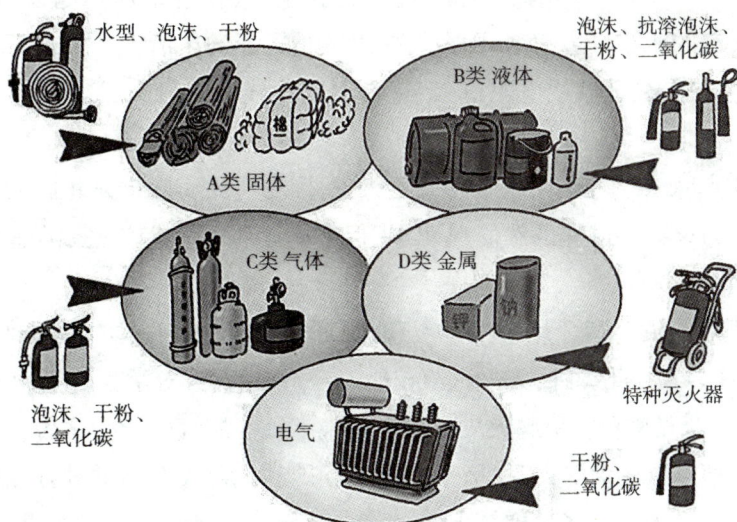

图 2-1　不同火灾类型选用的灭火器

二、校园防火安全

校园是人员高度聚集的场所,教学仪器、科研设备、易燃品多,用电量大,学生宿舍密集,一旦发生火灾事故,往往会造成大量的人员伤亡和重大财产损失。消防安全作为学校公共安全的重要组成部分,是构建平安校园、和谐校园的重要保障。让学生提高消防安全意识,掌握必要的消防技能,懂得火灾防范和学会火场逃生的方法,可以从根本上减少或避免校园火灾事故的发生及人员的伤亡。

(一)校园火灾引发的原因

从客观上讲,校园里学生人数多、居住密度高,教学及实验存在一定的火灾危险性,有些房屋建筑耐火等级低,电气线路老化;从主观上讲,部分师生消防安全意识淡薄,缺乏基本的消防安全常识及违反学校管理规定。纵观火灾事故的教训,无一不是"人为"的原因,其主要表现在以下两个方面。

1.消防安全意识淡薄

少数学生认为火灾离自己很远,不会在自己身边发生,从而心存侥幸。对学校举行的消防安全知识培训不重视,认为是多此一举,没有必要,因而日常行为表现得毫不在乎。有的学生认为只要学习好了就行,其他的可以无所顾忌;有的学生认为消防工作是领导和学校有关部门的事情,与自己关系不大。

2.违反学校管理制度

(1)违章使用大功率电器不当引起火灾。尽管学校三令五申要注意消防安全,不得使用大功率电气设备,但是学生使用电炉、热得快、电热壶、电熨斗等电器的现象普遍存在。有的学生冬天用电暖气取暖,用热得快烧水。长时间通电,或使用、放置不当,致使电器温度升高而点燃附近的可燃物,这类火灾在学生宿舍中较常见。此外,许多学生买了小型充电宝,方便随时给手机充电,但个别学生充电时,随意将充电宝放在宿舍的床铺或书本上,人就离开了,结果充电宝因充电时间过长而发热从而造成短路,产生火花,引燃床上用品或书本,引发火灾。

(2)私自乱接乱拉电源线引起火灾。乱接乱拉临时电源线是学生宿舍中较为常见的不安全因素之一。所谓乱拉电线,就是不按照安全用电的有关规定,随便拖拉电线,任意增加用电设备,这样做是很危险的。这些电线有的放在床上,有的放在桌边,有些则在蚊帐里或被子下的床沿上。接电不规范、接头或线径不符合安全用电要求,极易造成短路、负载或电阻过大,进而引起电线发热着火,这也是学校中较常见的火灾现象之一。

(3)肆意焚烧杂物引起火灾。使用明火最易发生火灾,因为明火实际上是正在发生的燃烧现象,一旦其失去控制,马上便会转化为火灾。道理虽然简单明了,但有的学生却不以为意,随意在宿舍内焚烧废弃物,最终不仅自食苦果,还殃及他人。

(4)擅自使用炉具引起火灾。宿舍是学生学习和休息的地方,但有的学生图方便,常在宿舍煮饭,还有的学生在寝室举办同学聚会。凡此种种,无一不给校园安全造成隐患,对学生的生命和财产造成威胁。

(5)违规点燃蜡烛、随意点燃蚊香引起火灾。停电或晚上统一熄灯的学生宿舍,会有个别学生图方便而点上蜡烛,但蜡烛作为一种可以移动的火源,稍不小心,就可能烧熔,或者倒下,遇可燃物容易引起火灾。正因为其具有火灾危险性,所以才被许多学校禁止,但少数学生却置若罔闻,最终酿成悲剧。蚊香点燃后没有火焰,但能长时间持续燃烧,中心温度高达700 ℃,超过了多数可燃物的燃点,一旦接触到可燃物就会引起燃烧,甚至扩大成火灾。

(6)照明灯具太靠近可燃物而引起火灾。学生宿舍一般都安装有明亮的日光灯,基本上能满足学习和生活的需要,但仍有相当一部分学生喜欢安装床头灯。个别学生对白炽灯泡(特别是较大功率的灯泡)表面温度很高的事实认知不足,用纸做灯罩,或将灯泡靠近衣服、蚊帐,甚至用灯泡取暖,这种因错误使用白炽灯而引起火灾的现象也时有发生。

（7）学生在实验过程中因操作不慎而引起火灾。学生在实验室如果操作不慎也极易发生火灾。因此,凡是有化学实验室的学校,要制定严格的化学物品管理制度、化学实验室用电和消防管理制度。化学实验室的管理人员要经过培训后持证上岗,实验人员要注意防火安全,一切操作都要严格按照安全操作规程来进行。

（8）电线老化及超负荷使用引起火灾。一些学校的学生宿舍楼使用年限较长,楼内电线老化,加上原设计负载有限,而学校的发展使住宿人数及电气设备增多,用电量明显增加,用电线路却没能得到及时更新改造。如果宿舍内有人违章使用电器,就会使宿舍的电线超负荷运行,继而发生跳闸停电、熔断保险丝等情况,甚至造成火灾事故。

3.消防基本知识贫乏

（1）不了解电气基本知识。

许多学生对基本的电气知识不了解,往往由于无知而造成火灾,例如,用铜丝代替保险丝、照明灯具距离蚊帐太近、充电器长时间充电等。

（2）不懂得灭火基本常识。

火灾初期是最易扑救的,但部分学生平时不注重对消防基本知识的学习,在发现火险火情后,不知如何处理,失去了最好的灭火时机,以致火势发展蔓延成灾。

（二）校园火灾的防范措施

（1）学生在消防安全中是弱势群体,各级政府、教育部门、消防和其他相关部门要重视学校的消防安全工作。要在确保安全的原则下求发展,把解决消防安全问题放在重要位置,改善校园及周边的消防安全条件,切实加强对学校消防安全工作的力度和消防安全的投入,配齐配好消防器材、设施,建立健全校园消防安全管理制度。

（2）不断创新消防安全宣传的形式和手段,将趣味性、知识性、可操作性纳入消防宣传培训中,开展有针对性的消防宣传培训,如播放火灾警示片、开展消防知识讲座、进行灭火演示、悬挂横幅、摆设消防宣传海报、开设消防课堂、发放消防宣传资料等形式,营造浓厚的消防宣传氛围。宣传火灾事故教训,曝光火灾隐患,可以提高消防安全意识,让大家时时、事事提高警惕,在思想上绷紧消防安全这根弦,防止火灾悲剧在学校发生。

（3）通过开放微型消防站的方式,让广大学校师生了解消防常识、相关法律法规和灭火器的使用方法,全面提高师生的消防安全意识和自防自救能力。

（4）加强消防安全管理,建立健全消防安全管理制度,防止违章行为发生。进一步落实消防安全主体责任,明确专人负责消防安全工作,制定相应的规章制度,用制度管人。

（5）逐步建立校园消防安全管理的长效机制,定期对学生宿舍开展安全检查,每日进行防火巡查。规范师生的不安全行为,不准吸烟,不准在宿舍内用蜡烛照明,不准焚烧杂物,不准存放易燃易爆物品,不准私接电气线路,不准私自使用大功率电气设备,灯泡不要靠近蚊帐、枕头、被褥等易燃物,做到人走灯灭,不准堵塞安全疏散通道,发现火灾隐患应及时消除。

（6）学校要按照国家有关消防技术标准配齐灭火器材、设施,并定期维修保养。学生宿舍要安装火灾自动报警系统,这是扑救初起火灾、保证学生宿舍免受火灾危害的重要措施之一。在教学楼、实验楼、食堂等重要部位安装应急照明和疏散指示标志。各安全出口不得上锁,疏散通道不得占用,确保疏散通道的畅通。

（7）根据本学校的特点，制定适合本校各重要部位的灭火和应急疏散预案，并定期开展灭火和应急疏散演练。

（8）消防监督机构应将各级、各类学校确定为消防安全重点单位，根据学校特点，热情服务，为学校安全想办法，重点监督、检查、指导，制定灭火预案，开展灭火演练。

（9）各类教学建筑在初建、改建或扩建时，务必达到相关技术标准的要求，在选址、建筑材料、防火间距、安全疏散、应急照明等方面的设计都必须符合相关法律法规要求，做到依法通过消防验收或者竣工验收消防备案。竭力在源头消除一切消防隐患，从根本上为学生提供一个平安快乐的学习环境。

三、公共场所防火安全

电影院、医院、展览馆、车站、码头、餐厅、商场、图书馆等人员集中、流量大的场所均为公共场所。这些场所因为人流量大，室内装修、装饰大量使用可燃或易燃材料，用电设备多、着火源多，存在巨大的火灾隐患。学生作为社会和集体的一分子，应当从自身做起，为公共场所防火尽最大的努力。

（一）公共场所火灾的特点

公共场所的火灾具有以下两个特点。

1.可燃和易燃材料多，火势蔓延迅速

许多公共场所在室内装饰、装修中采用了大量可燃或易燃的材料。例如，一些影剧院、歌舞厅等公共娱乐场所，在装潢上讲究豪华气派，大量采用木材、泡沫塑料、纤维织品等进行装修，增加了火灾发生的概率。此外，公共场所中的家具或组件和电器在生产过程中采用了不少可燃或易燃的材料，包括木材、织物、泡沫塑料、高分子合成材料等，燃烧时产生的有毒气体会造成人员窒息或中毒，极易造成群死群伤的恶性火灾事故，社会危害极大。

2.人员集中，疏散困难

公共场所人员聚集密度较大且人员复杂，部分人员缺乏逃生知识，加上一些公共场所疏散通道缺少或不畅通，疏散指示标志不明显，安全出口狭窄或数量不足，一旦发生火灾，场内人员容易惊慌失措，相互拥挤，导致出口堵塞，很难及时疏散。发生火灾时火势蔓延迅速，产生的浓烟会使人员视野模糊，拥挤踩踏，易造成大量的人员伤亡。

（二）公共场所火灾的危害

1.易酿成群死群伤火灾事故，人员伤亡严重

公共场所发生火灾时，火势蔓延十分迅速，同时伴有大量浓烟和毒性气体产生，再加上公共场所结构复杂，人员相对集中且对公共场所的疏散路线不熟悉，一旦发生火灾，人员伤亡严重。

2.社会影响恶劣，容易造成社会的不稳定

一些人员密集的公共场所（如学校、医院、商场、影剧院、车站等）一旦发生恶性火灾，极有可能引发群体性事件，不利于社会稳定与和谐。因此，必须引起高度的重视。

（三）公共场所发生火灾时的逃生策略

一般来说，公共场所的空间都比较大，用电设备多，着火源多，一旦发生火灾，燃烧速度非常快，扑救困难。加上安全出口少，人员密集度高，火灾发生后，容易造成人员的大量伤亡。因此，公共场所的防火要求必须严格明确。

1.公共娱乐场所发生火灾时的逃生策略

（1）保持镇定，当即报警，并寻找安全出口逃生。

(2)用打湿的毛巾等物品捂住口鼻,尽量弯腰行走。

(3)娱乐场所的装饰材料在燃烧时会产生大量的有毒气体,因此逃生时不要大声呼喊。

(4)不要盲目从众,要灵活应变,寻找最佳逃生通道。

2.商场发生火灾时的逃生策略

商场发生火灾时,人群容易慌乱无措。人在惊慌恐惧的状态下,常常会做出冲动的行为。商场发生火灾时要注意以下四点。

(1)切忌慌乱。火灾一旦发生,人们经常会毫无头绪地乱跑乱叫,造成一种慌乱的氛围,使局面更加混乱,人的正常思维因此受到严重的干扰,行为开始错乱。

(2)不可盲目从众。人在慌乱的时候,容易失去主见,随大流,盲目从众不利于逃生和人员的疏散。

(3)不要主观臆断。在不了解火势和不熟悉逃生线路的情况下,要听从专业人员的指挥,不可凭着主观臆断盲目逃生。

(4)不可一味往光亮处逃生。人本性喜欢朝着有光亮的地方移动,但在火灾发生时,要先区分光亮是日光还是火光再逃生。通常安全疏散通道方向的亮光处是正确的逃生方向。如果逃往火势蔓延方向的光亮处,那就很危险了。

3.酒店宾馆发生火灾时的逃生策略

(1)火灾初起时,尽量先灭火,并呼救报警。

(2)撤离大楼时,要随手关门,尤其是防火门更要关闭。

(3)如果不是自己的房间着火,先用手触摸门把,温度高的话不能开门;如果温度正常,可用脚抵住门的下框,打开一道门缝观察外面的情况,火势小的话立即跑出房间逃离火场。

(4)外逃时,顺着楼梯逃生或者待在避难层,不要乘坐电梯,以免被困在电梯里。

(5)如果发现下层楼梯冒烟,不要往下逃,可以往上逃或跑到天台、阳台等安全地方等待救援。

(6)外逃时发现是本层起火,应立即裹着湿棉被跑到紧急疏散口,顺手关上防火门,或逃往下层楼梯。

(7)如果困在室内,浓烟已经封闭通道,先将门窗关闭,并打开所有水龙头,将房门、窗户、棉被、床单、衣服、毛巾等全部打湿,向外面发出求救信号,等待救援。

(8)在室内时,千万不要藏在阁楼上、床底下和衣橱等不易被人发现的地方,尽量靠近窗户、阳台、墙壁。

(9)得不到救援时,将房间内的床单、被单打成绳索下滑逃生,或者顺着水管逃生。

4.困在电梯里的自救策略

(1)保持镇定,不要乱动,不得自行爬出电梯或强行推开电梯内门。

(2)通过电梯里的警铃、对讲机联系管理人员,等待救援。

(3)手机如有信号,立刻拨打119呼叫消防人员。

(4)耐心等待,并注意倾听外面的动静,听到有人经过立即呼救。

学以致用

1.如何防范家庭火灾?

2.引发校园火灾的原因有哪些?

3.公共场所发生火灾时应如何逃生?

第二节 用电安全

案例导入

配电箱未接地，员工当场触电身亡

2020年7月28日14时35分左右，江苏某合成材料公司车间发生一起触电事故，造成1人死亡，直接经济损失约130万元。事故发生的原因是配电箱箱门背面的电加热设备开关上一根电线接头从接线柱上松脱，带电线头接触到配电箱箱门上，同时配电箱的外壳未采取接地保护，造成配电箱金属外壳带电，员工马某右手接触到配电箱边框时，发生触电事故。

（资料来源：寿县人民政府.【安全生产工作提示单】用电安全：接地[EB/OL].(2022-08-22) [2024-06-10].https://www.shouxian.gov.cn/public/content/1259367816.)

案例思考

1.为避免上述案例中事故的发生，在进行电气作业前应做好哪些防范？

2.日常生活中应如何避免触电事故的发生？

一、电流对人体的伤害

触电一般是指人体触及带电物体时，电流对人体所造成的伤害。电流对人体会造成三种类型的伤害，即电击、电伤和电磁场生理伤害。

1.电击

电击是指电流通过人体内部，破坏人的心脏、肺部以及神经系统的正常工作而危及人的生命。在低压系统中，在通电电流较小、通电时间不长的情况下，电流引起人的心室颤动是电击致死的主要原因；在通电时间较长、通电电流很小的情况下，窒息成为电击致死的原因。绝大部分触电死亡事故都是电击造成的。通常说的触电事故基本上是指电击。按照人体触及带电体的方式和电流通过人体的途径，触电可分为以下三种情况。

（1）单相触电。

单相触电是指人体在地面或其他接地导体上，人体某一部位触及一相带电体的触电事故，大部分触电事故都是单相触电事故。单相触电的危险程度与电网运行方式有关，一般情况下，接地电网的单相触电比不接地电网的危险性大。

（2）两相触电。

两相触电是指人体两处同时触及两相带电体的触电事故，其危险性一般是比较大的。

（3）跨步电压触电。

当带电体接地有电流流入地下时，电流在接地点周围土壤中产生电压降。人在接地点周围，两脚之间出现的电压即跨步电压，由此引起的触电事故叫作跨步电压触电。高压故障接地处，或有大电流流过的接地装置附近都可能出现较高的跨步电压。

2.电伤

电伤是指由电流的热效应、化学效应或机械效应对人体外部造成的局部伤害。电伤多见于机体外部，而且往往在机体上留下伤痕。电伤与电击相比，危险程度低一些。

电弧烧伤是最常见也是最严重的电伤。在低压系统中，带负荷（特别是感性负荷）拉开裸露的闸刀开关时，电弧可能烧伤人的手部和面部；线路短路，开启式熔断器熔断时，炽热的金属微粒飞溅出来也可能造成灼伤；错误操作引起短路也可能导致电弧烧伤等。在高压系统中，由于错误操作，会产生强烈的电弧，导致严重的烧伤；人体过分接近带电体，其间距小于放电距离时，直接产生强烈的电弧，若人当时被击中，虽不一定因电击而死，却可能因电弧烧伤而死亡。

3.电磁场生理伤害

电磁场生理伤害是指在高频磁场的作用下，人会出现头晕、乏力、记忆力减退、失眠、多梦等神经系统的症状。

一般认为，电流通过人体的心脏、肺部和中枢神经系统的危险性比较大，特别是电流通过心脏时，危险性最大。所以从手到脚的电流途径最为危险。触电还容易因剧烈痉挛而摔倒，导致电流通过全身并造成摔伤、坠落等二次事故。

二、触电事故的安全防范

1.认真检查

在使用移动电器前，必须认真检查，特别是插头和电线等最容易损坏的部位，更要仔细查看。搬动移动电器前，一定要切断电源。切断电源时，绝不可以疏忽大意，更不能将插头远距离拉下，这样容易致使插头和电线损坏，留下事故隐患。

2.专人负责保养

所有电气设备都应有专人负责保养，这样可以及时发现接地不良、绝缘损坏等隐患，便于电工及时修理，避免设备带"病"运行。

3.不放杂物

不要在电气控制箱内放置杂物，也不要把物品堆置在电气设备旁边。

4.不用水冲洗

打扫卫生时，不要用湿布去擦拭或用水冲洗电气设备，以免触电或使设备受潮、腐蚀而形成短路。

5.谨慎操作

检修后的电气设备在没有验明无电之前，一律不准盲目触及，谨防触电。当发现电气设备出现故障、缺陷时，必须及时请电工修理，其他人员一律不准私自装拆和修理电气设备，不准随便移动安全用电标志牌，禁止在情况不明的状况下擅自合闸。

6.检查预防

检查是预防事故的好方法。只要掌握了电气设备的检查方法和内容，就能在生产作业中及时发现问题，及时请电工等专业人员维修。

三、认识安全用电标志

明确统一的标志是保证用电安全的一项重要措施。统计表明,不少电气事故是标志不统一造成的。例如,由于导线的颜色不统一,误将相线接设备的机壳,而导致机壳带电,酿成触电伤亡事故。标志分为颜色标志和图形标志。颜色标志常用来区分各种不同性质、不同用途的导线,或用来表示某处的安全程度。图形标志一般用来告诫人们不要接近有危险的场所。为保证安全用电,必须严格按有关标准使用颜色标志和图形标志。我国安全色标采用的标准,基本上与国际标准草案(ISD)相同。一般采用的安全色有以下五种。

(1)红色:用来标志禁止、停止和消防,如信号灯、信号旗、机器上的紧急停机按钮等都是用红色来表示"禁止"的信息。

(2)黄色:用来标志注意危险,如"当心触电""注意安全"等。

(3)绿色:用来标志安全无事,如"在此工作""已接地"等。

(4)蓝色:用来标志强制执行,如"必须戴安全帽"等。

(5)黑色:用来标志图像、文字符号和警告标志的几何图形。

按照规定,为便于识别,防止错误操作,确保设备正常运行和检修人员的安全,一般采用不同颜色来区别设备特征。例如电气母线,A 相为黄色,B 相为绿色,C 相为红色,明敷的接地线涂黑色。在二次系统中,交流电压回路用黄色,交流电流回路用绿色,信号和警告回路用白色。

知识拓展

常见安全用电标志如图 2-2 所示。

图 2-2　常见安全用电标志

四、正确处理触电事故

1.切断电源

当发现有人触电时,不要惊慌,首先要尽快切断电源。救护人千万不要用手直接去拉触电的人,防止发生救护人触电事故。

2.脱离电源

应根据现场具体条件,果断采取适当的方法和措施,一般有以下五种方法和措施。

(1)如果开关或按钮距离触电地点很近,应迅速拉开开关,切断电源,并准备充足的照明,以便进行抢救。

(2)如果开关距离触电地点很远,可用绝缘手钳或用有干燥木柄的斧、刀、铁锹等把电线切断。应切断电源侧(即来电侧)的电线,且切断的电线不可触及人体。

(3)当导线搭在触电人身上或压在其身下时,可用干燥的木棒、木板、竹竿或其他带有绝缘柄(手握绝缘柄)的工具,迅速将电线挑开。千万不能使用任何金属或湿的物品去挑电线,以免救护人触电。

(4)如果触电人的衣服是干燥的,而且电线不是紧缠在身上时,救护人可站在干燥的木板上,或用干衣服、干围巾等把自己的一只手做严格绝缘包裹,然后用这只手拉触电人的衣服,将其拉离带电体。千万不要用两只手直接触及触电人的身体,以免救护人触电。

(5)如果人在较高处触电,必须采取保护措施,防止切断电源后触电人从高处摔下。

3.伤员脱离电源后的处理

(1)触电人若神志清醒,应使其就地躺下,严密监视,暂时不要站立或走动。触电人如神志不清,应就地仰面躺下,确保气道通畅,并以5秒的时间间隔呼叫触电人或轻拍其肩部,以判断其是否意识丧失,禁止摆动其头部。坚持就地正确抢救,并尽快联系医院进行抢救。

(2)触电人若意识丧失,应在10秒内用看、听、试的方法判断其呼吸和心跳情况。

①看触电人的胸部、腹部有无起伏动作。

②用耳贴近触电人的口鼻,听有无呼气声音。

③试测触电人口鼻有无呼气的气流,再用两手指轻试一侧喉结旁凹陷处的颈动脉有无搏动。

若看、听、试的结果既无呼吸又无动脉搏动,可判定呼吸、心跳已停止,应立即用心肺复苏法进行抢救。

学以致用

1.生活中如何做到安全用电?

2.电流对人体的伤害有哪些?

3.怎样对触电的人员进行施救?

第三节 网络信息安全

案例导入

汇款诈骗

某校学生小张登录QQ后发现"好友"小王留言"在吗?"于是就与其聊起天来。聊了一会儿,"好友"打开了视频。小张一看确实是"好友"的影像,但此时视频马上就关闭了,"好友"小王接着说,自己的哥哥生意上有点麻烦今天急需用钱,让小张先给他哥哥汇款3 000元。小张想也没想,就赶紧去银行办理了汇款业务。汇完款后小张给好友小王打电话告知此事,但好友表示他并没有借过钱,这时小张才发现自己被骗了。

案例思考

1.说说作为学生应如何向亲友科普防止受骗的知识?

2.网络诈骗的特点有哪些?

一、网络诈骗

伴随着互联网技术的发展,网络诈骗已经成为一种日益猖獗的犯罪行为。无论是个人还是企业,都面临着网络诈骗的威胁。诈骗者利用各种诈骗手段,借助社交平台,达到骗取钱财等目的。目前网络诈骗的类型、手段也在不断演变,网络诈骗犯罪多发、高发态势不减,为有效应对网络诈骗,学生需要了解网络诈骗的类型、防范措施和补救方法等,以更好地识别网络诈骗,保护自身的信息安全和财产安全。

(一)网络诈骗的特点

网络诈骗是指以非法占有为目的,利用电话、短信、互联网等电信网络技术手段,通过远程、非接触方式,骗取数额较大的公私财物的行为。网络诈骗与一般诈骗的主要区别在于,网络诈骗是利用互联网实施的诈骗行为,其具有下四个特点。

1.作案方式现代化,犯罪形式多样化

随着互联网技术的发展,网络诈骗犯罪手段已经从传统接触型升级为非接触型,犯罪手法层出不穷,犯罪形式不断更新,智能化程度远高于传统类型的诈骗。诈骗者通过"刷单返利""虚假网站""投资理财""网络购物""冒充熟人和领导"等多种形式实施诈骗,利用流程化、剧本化的语言,以假乱真的信息,隐瞒事实真相,快速攻破受害者的戒备心理,骗取受害者的信任,之后快速抛出"诱饵",获取财物。

2.作案手段隐蔽,调查取证困难

网络诈骗往往跨区域、跨境实施,网络诈骗者仅通过网络与受害者进行联系,不与被害者直接接触,诈骗行为不易被察觉。网络诈骗电子证据也容易被修改或损毁,且受害者无法掌握诈骗者的体貌特征和其他痕迹物证,真实踪迹往往很难查找,难以通过传统对比的方法确定诈骗者。在侦办过程中,可能涉及多个部门的配合,取证手续复杂,耗费时间长,侦破成本高。

3.精准实施诈骗,受害群体广泛

在信息化时代,任意一个互联网用户都可能成为电信网络诈骗的潜在受害者。网络诈骗者通过各种手段收集受害者的个人详细资料,精确定位,瞄准潜在的受害者。网络诈骗者往往在某一时段内集中向某一号段或者某一地区拨打电话、发送短信,侵害对象除地域集中外,无其他特定条件,受害者包括社会各个阶层,受害面广泛。

4.团伙形式作案,社会危害巨大

网络诈骗多是团伙作案,团伙大致由三部分组成:一是为诈骗网络平台提供技术服务的人员;二是专门拨打诱骗电话的人员;三是负责转取赃款的外围人员。这三部分人员分工明确、相互配合,呈现集团化特

征。网络诈骗往往诈骗数额巨大,使受害者蒙受巨大的财产损失,严重扰乱经济秩序,对社会的危害极大。

(二)网络诈骗的常见类型

1.刷单返利类诈骗

不法分子通过网络平台发布兼职广告,以高额佣金等为诱饵拉人建群。受害者入群后,不法分子便会让他们完成刷单、点赞、评论等简单任务,并向他们发放小额佣金以获取其信任。随后,不法分子引诱受害者投入更多的资金做"进阶任务",再以任务未完成、操作异常等为借口拒不返还钱款。

【防诈提醒】凡是要求垫付资金做任务的兼职刷单、刷信誉,都是诈骗。

2.虚假网络投资理财类诈骗

不法分子通过多种方式将受害者拉入所谓的"投资"群聊,然后冒充投资导师、金融理财顾问、理财专家等,以掌握各种投资技巧、内幕消息等为由骗取受害者信任。随后,不法分子诱导受害者在虚假投资平台开设账户进行投资,并对受害者前期的小额投资予以返利,受害者一旦投入大量资金,就会出现无法提现的情况。

【防诈提醒】凡是宣称"有内幕消息""专家指导""稳定高回报"的投资理财,都是诈骗。

3.虚假网络贷款类诈骗

不法分子打着"无抵押""快速放款"等幌子,通过网络媒体、电话、短信、社交软件等渠道发布办理贷款的广告信息,引诱受害者下载虚假贷款 APP 或登录虚假网站。后又以贷款审核、检验还贷能力等为借口,要求受害者缴纳"保证金""手续费"或者"刷流水",向受害者发送虚假放贷信息,受害者发现资金未到账后,不法分子再以受害者操作失误、流水不足等原因要求受害者缴纳各种费用。

【防诈提醒】凡是"不要求资质",且放贷前以缴纳"手续费""保证金""解冻费"等名义要求转款"刷流水"、验证还款能力的,都是诈骗。

4.冒充电商物流客服类诈骗

不法分子冒充电商平台或物流快递企业客服,以电话或者短信形式,谎称受害者网购的商品缺货、出现质量问题或下架,并以"理赔退款"或"重新激活店铺"需要缴费为由,诱导受害者提供银行卡号、手机验证码等信息,或通过扫描指定二维码、屏幕共享、下载指定 APP 等方式,引导受害者转账汇款,把受害者银行卡中的钱款转走。

【防诈提醒】凡是自称电商、物流平台客服,主动以退款、理赔、退换为由,要求提供银行卡号和手机验证码的,都是诈骗。

5.冒充公检法类诈骗

不法分子通过非法渠道获取受害者的个人身份信息后,冒充公检法机关工作人员,通过电话、微信、QQ等与受害者取得联系。以受害者或其亲属涉嫌洗钱、非法出入境、快递藏毒、护照造假等违法犯罪活动为由对其进行威胁、恐吓,要求其配合调查并严格保密,向受害者出示"逮捕证""通缉令""财产冻结书"等虚假法律文书以增加可信度。同时,要求受害者到宾馆等封闭空间,在阻断与外界联系的条件下"配合"其工作,将资金转移至"安全账户",从而实施诈骗。

【防诈提醒】凡是自称公检法机关工作人员,以涉嫌违法犯罪为由,要求将资金打入"安全账户"的,都是诈骗。

6.虚假征信类诈骗

不法分子冒充银行工作人员或者贷款平台工作人员给受害者打电话,谎称受害者之前开通的校园贷、助学贷等账户未及时注销,或者谎称受害者信用卡、花呗等信用支付类工具存在不良记录需要消除,否则影响征信,并以验证流水等为由,诱导受害者办理贷款后将款项转到不法分子指定的账户。

【**防诈提醒**】凡是声称需要消除"校园贷"记录或者清除不良信用记录,否则影响征信,要求转账的,都是诈骗。

7.虚假购物、服务类诈骗

不法分子在微信群、朋友圈、网购平台或其他网站发布"低价打折""海外代购""论文代写"等虚假广告,以吸引受害者关注。随后诱导受害者通过微信、QQ或其他社交软件添加好友进行商议,以私下交易可节约"手续费"或更方便等为由,要求私下转账。待受害者付款后,不法分子便以先转账后发货、货物交罚款、收取定金优先办理等一系列理由,诱骗受害者继续转账、汇款,事后将受害者拉黑。

【**防诈提醒**】网购时一定选择正规的购物、服务平台,对异常低价的商品、服务要提高警惕。

8.冒充领导、熟人类诈骗

不法分子通过电话、短信、网络社交软件(QQ、微信、微博等)等渠道,冒充受害者的领导(包括领导身边的秘书、司机等)或冒充熟人、孩子的老师等身份,以与其他公司合作伙伴签合同、送礼、遇事急用钱等为由,诱骗受害者转账、汇款,从而实施诈骗。

【**防诈提醒**】收到领导、熟人要求转账、汇款或者借钱的消息时,务必通过电话或者当面核实后再进行操作。

9.网络游戏产品虚假交易类诈骗

不法分子在社交网站、游戏平台发布买卖网络游戏账号、道具、点卡的广告,免费或低价获取游戏道具、参加抽奖活动等相关信息,待受害者与其主动接触后,不法分子便以私下交易更便宜、更方便为由,诱导受害者绕过正规平台与其进行私下交易;或要求受害者添加所谓的客服账号参加抽奖活动,并以操作失误、等级不够等为由,要求受害者支付"注册费""解冻费""会员费",得手后便将受害者拉黑。

【**防诈提醒**】买卖游戏账号、道具等要在正规平台进行,私下交易存在被骗风险。

10.婚恋、交友类诈骗

不法分子通过网络收集大量"白富美""高富帅"自拍照、生活照,编造各类虚假身份,然后在婚恋、交友网站发布征婚、交友信息,在与受害者建立联系后,用虚假照片和身份骗取受害者信任,并长期经营与受害者建立的"恋爱关系"。随后,不法分子以遭遇变故急需用钱、项目需要资金周转、可以帮忙投资理财等为由向受害者索要钱财,并根据受害者财力情况不断变换理由要求其转账。

【**防诈提醒**】遇到涉及钱财的问题时,不要轻信征婚交友对象的任何借口、说辞。

11.中奖类诈骗

不法分子冒充知名企业、娱乐节目,通过短信、邮件发送中奖信息,或者印刷虚假中奖刮刮卡,投递发送,引诱受害者领奖。告知受害者付出一点"公证费""邮费"等远远小于"奖品"价值的费用就可以领取奖品,或者以验证中奖信息为由,让受害者在钓鱼网站上填写姓名、身份证号码、银行卡号、取款密码、手机号、验证码等敏感信息,然后对受害者的银行资金进行盗刷。

【**防诈提醒**】凡是要求先交钱再领奖的,都是诈骗。

12.虚假招聘类诈骗

不法分子冒充劳务公司或者中介机构,在微信朋友圈等社交平台上发布招工广告,虚构高薪的工作岗位,引诱急于找工作的受害者前来求职,并与其签订虚假的招工合同,然后以体检费、办证费、培训费等名目让受害者交钱,甚至诱骗受害者办理贷款。更有甚者,以境外高薪工作的名义将受害者骗至东南亚等电信网络诈骗犯罪高发地,对其实施非法拘禁、殴打等行为,迫使受害者参与电信网络诈骗活动。

【**防诈提醒**】招工单位以任何名义向应聘者收费都属于违法行为,凡是遇到收取培训费、报名费、服装费等情况,应提高警惕,不要贸然向招工单位提供的账号汇款、转账。

13.直播打赏类诈骗

不法分子在各类直播平台上物色潜在受害者,以交友、网恋为由骗取受害者信任,再用打"感情牌"、演"苦肉计"等方式诱骗受害者在直播平台充值、购买虚拟礼物打赏或微信转账,等钱到手后,便将对方拉黑。

【防诈提醒】直播打赏须警惕,切勿轻易相信对方的说辞,以防被诱导进行大额充值、打赏或转账。

14.海外代购类诈骗

不法分子谎称自己在国外定居,或时常往返国内外,在朋友圈等社交平台上发布代购信息、客户反馈和好评截图,以正品、低价为诱饵吸引受害者购买。待受害者付款后,不法分子迟迟不发货,或以商品被海关扣下,要加缴"关税"等为由要求受害者继续加付款项,一旦获取购物款则失去联系。

【防诈提醒】选择正规的海外代购平台,不要轻信商家所谓的"低价""促销",更不要直接转账给个人。

(三)网络诈骗的防范应对

1.加强法律学习

提高安全意识,正确认识网络诈骗的危害性。网络诈骗是有预谋的,因此,学生要增强预判力和警惕感,要时刻紧绷防范思想之弦,通过多种渠道学习网络诈骗相关知识,了解诈骗手段,提高安全防范意识,不要被各种经济诱惑蒙骗,摈弃"发横财"和"暴富"等不劳而获的思想。

2.保护个人隐私

树牢底线思维,不向陌生人提供身份证号码、工作单位、家庭住址、职务等重要信息,并确保不将身份证照片或号码保存在手机中。对于任何要求提供个人信息、银行账号或者验证码等的请求,都要保持警惕,做到不轻信、不透露、不转账。

3.验证信息来源

不随意点击未知来源的链接,在采取任何行动之前,先验证信息的真实性。可以通过官方渠道联系发送者,或与第三方核实信息的真实性。

4.使用安全网络,安装防护软件

避免在公共网络上进行敏感交易,使用 VPN 保护数据安全。安装防火墙和防病毒软件,并保持这些软件的最新更新,以防止恶意软件攻击。

5.加强账户管理

及时更新账户密码是保护个人信息和财产不受网络诈骗侵害最重要的一环,要定期检查自己的银行账户以及其他在线账户,在可能的情况下,为账户启用双因素认证,使用安全的支付方式,并及时更新个人信息,定期更新账户密码,使用强度高且不重复的密码。

二、网络淫秽色情

(一)淫秽物品的界定

淫秽物品是指具体描绘性行为或者露骨宣扬色情的淫秽性的书刊、影片、录像带、录音带、图片等物品。但是,有两类属于特例,第一类是有关人体生理、医学知识的科学著作。例如,性教育教材就不属于淫秽物品。第二类是包含色情内容的有艺术价值的文学、艺术作品也不视为淫秽物品。例如,一些裸体绘画作品或雕塑作品就不属于淫秽物品。

(二)网络淫秽色情信息的传播特点

1.传播形式具有隐匿性

大部分发展成熟的淫秽色情网站为逃避追踪,将服务器转移到了国外,国内监管力量鞭长莫及。另外,网络技术的不断革新,为网络淫秽色情信息提供了新的生长土壤,发布者采取了更加隐匿的传播方式,增加了管理部门监管的难度。

2.传播行为更具互动性

网络技术发展及传播工具的不断更新扩容,使得使用者可以自行选择任何网络上的节点读取和传送资料、发表意见、寄送及收取电子邮件,甚至和其他单一或多数的网络使用者进行同步交谈、互传信息。这使得淫秽色情媒体与其受众可以实现双向互动,用户可以轻而易举地成为"自媒体",参与并推动网络淫秽色情信息的传播过程。

3.传播路径更加快速便捷

网络淫秽色情信息传播以计算机网络技术的发展为依托,传播路径越来越快速、便捷。

4.传播载体更加具有多媒体性

当前网络传播工具不断更新扩容,其中一个突出表现就是载体呈现出多媒体性,而淫秽色情信息也在这样的"潮流"中获得了更多传播空间。视频在线播放软件、共享软件等都成为淫秽色情信息传播的新载体,这些新载体具有技术性强、使用简单快速、便捷等特点,其拓展蔓延之势将成为打击网络淫秽色情工作的新难点。

(三)网络淫秽色情的不良影响

1.影响学生的学业与生活

迷恋网络淫秽对学生最直接、最明显的影响是荒废他们正常的学业。根据中国互联网信息中心的最新调查,网络用户平均每周上网时间达到8.5小时。个人的精力、时间是有限的,把大量的精力、时间浪费在浏览色情网站上,必然会影响学生的学业或生活。

2.危害身心健康,甚至走向性犯罪

网络淫秽提供大量的色情图片与文字,而其中的很多图片与文字宣扬的是各种畸形的性行为。不论学生是主动寻求还是被动接受这类信息,对他们形成正确的性观念、性行为都会产生冲击。

更为严重的是,一些打着"健康"旗号的网站传授的所谓"性知识"错误百出,根本就不具有科学性与严谨性。长期接受这些畸形的、错误的信息对学生的身心健康的塑造、发展会产生破坏性的影响。一些自制力差、意志薄弱的学生可能会禁不住诱惑,铤而走险,走向性犯罪的深渊。

3.造成性意识偏差,影响一生

网络淫秽色情内容可能导致学生丧志,损害其身心健康,但这些危害还是表层的,深层危害还在于会造成未成年人性意识的偏差,造成信仰和人格上的缺失,而这种偏差可能给还没有成熟的学生带来一生的痛苦。

4.危及学生的人身安全甚至生命

一些有组织的色情制造、传播者利用网络聊天室诱骗学生提供各种有偿的性服务(为别人或为自己),这不仅是明目张胆的犯罪,而且对学生的人身安全甚至生命构成了直接的威胁。

普法小课堂

传播网络淫秽信息如何定罪量刑

根据《中华人民共和国刑法》第三百六十四条,传播淫秽的书刊、影片、音像、图片或者其他淫秽物品,情节严重的,处二年以下有期徒刑、拘役或者管制。组织播放淫秽的电影、录像等音像制品的,处三年以下有期徒刑、拘役或者管制,并处罚金;情节严重的,处三年以上十年以下有期徒刑,并处罚金。制作、复制淫秽的电影、录像等音像制品组织播放的,依照第二款的规定从重处罚。向不满十八周岁的未成年人传播淫秽物品的,从重处罚。

(四)网络淫秽色情的防范应对

1. 安装过滤软件

一种最根本的方法是通过安装过滤软件来屏蔽网络色情内容。一些操作系统和浏览器都提供了各种过滤软件和插件,这些过滤软件和插件可以屏蔽成人网站、色情图片等不良内容,实现拦截有害网址的功能,有效帮助学生远离不良信息。

2. 提高思想认识

学生应提高明辨是非的能力,增强自我保护意识,磨炼坚强意志,自觉抵制不良诱惑,拒绝浏览不良网站内容,做到"不登录、不搜索、不传播"不良信息的实际行为,自觉抵制网络淫秽色情。

3.培养健康的生活方式

提高自身修养,积极参与健康有益的文化活动、体育运动,进行学习新技能和社交活动等,让生活充实起来,减少对网络色情的依赖。例如,学生可以选择阅读书籍、观看电影、参加户外运动等有益身心的活动,这样既能充实自己的生活,又能避免沉迷网络不良信息。

4.发现网络淫秽色情网站及时举报

网络淫秽色情严重危害学生身心健康,若发现网络色情违法信息应及时举报。坚决打击利用互联网传播淫秽色情及低俗信息的行为,为广大学生营造良好的网络环境。

三、网络谣言

(一)网络谣言的危害

1.网络谣言引起社会恐慌

网络谣言往往曲解事实真相,具有很强的传播性,一旦传播开来,速度快,影响大,甚至容易引起人们的心理恐慌和社会恐慌,危害人们的生活,造成财产损失。

2.网络谣言危害社会信任

网络谣言的传播者为博取眼球,牟取私利,往往会散播一些违背事实真相的信息,部分群众会因科学知识不足而轻信谣言,加速网络谣言的传播。人们一旦对一些网络谣言采取信任态度,便会对社会、国家失去信心,这会对社会信任体系产生负面影响。

3.网络谣言破坏政府公信力

有些谣言一出现,相关部门便及时辟谣,但即使这样,在网络迅速发展的今天,谣言也会在短时间内实现大范围传播。因此,网络谣言所带来的危害很多时候是不可补救的,即使辟谣,也会在民众心中留下阴影,人们对政府权威机构发布的信息会持怀疑态度,导致政府公信力下降。

(二)传播网络谣言要承担的后果

对于网络上散布谣言需要承担的法律责任,主要分为三种,即民事责任、行政责任和刑事责任。

1.民事责任

如果散布谣言侵犯了公民个人的名誉权或者侵犯了法人的商誉,依据我国法律的规定,要承担停止侵害、恢复名誉、消除影响、赔礼道歉及赔偿损失的责任。

2.行政责任

如果散布谣言,谎报险情、疫情、警情或者以其他方法故意扰乱公共秩序,公然侮辱他人,捏造事实诽谤他人,尚不构成犯罪的,要依据《中华人民共和国治安管理处罚法》等给予拘留、罚款等行政处罚。《中华人民共和国治安管理处罚法》第二十五条规定,散布谣言,谎报险情、疫情、警情或者以其他方法故意扰乱公共秩序的,处五日以上十日以下拘留,可以并处五百元以下罚款;情节较轻的,处五日以下拘留或者五百元以下罚款。

3.刑事责任

如果散布谣言构成犯罪的,要依据《中华人民共和国刑法》的规定追究刑事责任。《中华人民共和国刑法》第二百九十一条之一规定,编造虚假的险情、疫情、灾情、警情,在信息网络或者其他媒体上传播,或者明知是上述虚假信息,故意在信息网络或者其他媒体上传播,严重扰乱社会秩序的,处三年以下有期徒刑、拘役或者管制;造成严重后果的,处三年以上七年以下有期徒刑。

(三)正确应对网络谣言

1.加强道德修养,不造谣

网上的信息量非常大,这就需要学生有较高的道德素质和辨别能力,学生应在内心深处树立一种道德自觉,对自己不熟知的事物不要妄自断言、随意评判,不能因为自己的喜好就对他人恶语相向,真正做到不造谣。

2.提高信息辨别能力,不传谣

谣言止于智者,学生要不断学习科学知识,提高自己对网络信息的辨别能力,面对网络谣言能够辨别真伪,不随波逐流。

3.增强法律意识,知法守法

谣言止于智者,更止于法律。国家应进一步建立、完善治理网络谣言的相关法律法规,充分防范网络谣言。对于网络谣言,部分学生往往不能完全辨识,其中的重要原因之一就是他们的法律意识仍然比较淡薄,并不知道传播谣言会触犯相关法律,有时会无意识地助推谣言的传播。只有自觉增强法律意识,才能不触碰法律底线,不传播、散布谣言。

四、网络综合征

网络综合征(Internet Addiction Disorder,IAD),即网络成瘾,是指上网者由于长时间和习惯性地沉浸在网络时空当中,对互联网产生强烈的依赖,以致达到痴迷的程度而难以自我解脱的行为状态和心理状态。其基本症状是上网时间失控,欲罢不能,为了上网可以不吃饭、不睡觉。患者即使意识到问题的严重性,也无法自控,常表现为情绪低落、头昏眼花、双手颤抖、疲乏无力、食欲不振等。

(一)网络综合征产生的原因

网络综合征产生的原因很多,总体可以归纳为外因和内因两个方面。外因主要是指社会环境和家庭教育的影响;内因主要是指个体满足感缺失、生理及人格方面的影响。具体分析如下。

1.社会因素

当今社会环境充斥着大量的诱惑,而且很多以网络的形式呈现,如果不能抑制这些诱惑,很有可能会对网络形成依赖,引发网络综合征,此种情况应寻找合适的兴趣爱好转移注意力。

2.家庭环境因素

部分人群的家庭环境较差,可能会导致患者不愿与家人交流,沉迷于虚拟世界,导致该症状。这种情况不只是患者需要接受相应的心理辅导,其家属也需要做出改变。

3.精神因素

患者精神压力过大导致对现实世界失去信心,为充实内心可能会对网络上的虚拟世界、人物等产生依赖,引发网络综合征,患者需要通过积极接受心理治疗的方式舒缓压力。

4.遗传因素

如果患者的亲属患有该疾病,则患者患有该疾病的概率会比较大。此外,如果人们在成长过程中,长期处于比较紧张、压抑的环境中,也可能会导致大脑对网络产生强烈的依赖性。

除此之外,网络综合征还可能是人格特征、心理因素、教育环境等导致的。在生活中,当学生出现网络综合征相关症状时,建议给予其一定的引导和精神支持。

(二)网络综合征的危害

1.危害身心健康

患者因对互联网产生过度依赖而花费大量的时间上网。若长时间连续上网,个体新陈代谢系统、正常生物钟就会遭到严重的破坏,身体也会变得虚弱。长期沉溺于网络中,不仅会影响个体大脑发育,还会导致其神经紊乱、激素水平失衡、免疫功能下降,引发紧张性头痛,甚至导致死亡。同时,不良的上网环境也会损害身体健康,若长期在空气混浊、声音嘈杂的环境中上网,也容易染上疾病。

2.导致学生学习成绩下降

学生沉溺于互联网会引发大量的教育问题。染上网瘾的学生被网络挤占了原本属于学习和思考的时间,造成的直接后果就是学习成绩下降。国外也有研究表明,长期上网、沉溺于网络游戏的孩子,其智力会受到很大的影响,甚至导致智商下降到正常孩子的标准水平线以下。

3.弱化道德意识

在网络世界,人们的性别、年龄、相貌、身份等都能充分隐匿,人们之间交往的责任与义务都被弱化。人们不必面对面地直接打交道,从而弱化了道德意识。人们在网络世界中少了社会道德的约束,往往不能较好地抵御各种错误思想的侵袭,容易迷失方向,不能很好地把握自己的言行,以致影响人们的现实生活行为,产生不良后果。

4.影响人际交往能力的正常发展

网络综合征患者大多性格孤僻冷漠,容易与现实生活产生隔阂,导致自我封闭,进而不断走向个人的孤独世界,拒绝与人交往。其表现为与他人交往频率减少,迷恋人机对话模式,对着计算机屏幕滔滔不绝,而丢掉键盘、鼠标就变得沉默寡言,在现实生活中语言表达能力出现障碍,很难与别人更好地交流,严重者会患上社交恐惧症。

5.影响正确人生观、价值观的形成

在网络时代,人人都能够参与信息发布,信息变得丰富的同时,也夹杂了消极、颓废甚至违法、犯罪的信息。学生由于缺少必要的社会经验和人生历练,其鉴别力和判断力水平较弱,在互联网上接触消极思想,会在潜移默化中影响其正确人生观和价值观的形成。

知识拓展

网络综合征的诊断标准

怎么判断一个人是否对网络游戏、上网聊天等上了瘾？国外心理学家提出八项标准可以自我诊断网络综合征，具体如下。

(1)你是否觉得上网已占据了你的身心？

(2)你是否觉得只有不断增加上网时间才能感到满足，从而使得上网时间经常比预定时间长？

(3)你是否无法控制自己上网的冲动？

(4)每当互联网的线路被掐断或由于其他原因不能上网时，你是否会感到烦躁不安或情绪低落？

(5)你是否将上网作为解脱痛苦的唯一办法？

(6)你是否对家人或亲友隐瞒迷恋互联网的程度？

(7)你是否因为迷恋互联网而面临失学、失业或失去朋友的危险？

(8)你是否在支付高额上网费用时有所后悔，但第二天却仍然忍不住还要上网？

如果你有4项或4项以上表现，并已持续一年以上，那就表明你已患上了网络综合征。

(三)如何防范及应对网络综合征

对网络综合征问题要未雨绸缪，贯彻预防为主的方针。要预防学生网络综合征的发生，应采用内外结合的方法。其主要内容包括以下三点。

1.为学生提供和谐的生活环境

(1)学校应对学生实施多渠道引导和管理，主动构建优良的校园网络环境。

(2)加强网络道德教育。可以考虑在校园网上建设网络道德教育网站，进行系统的网络道德教育。

(3)积极引导学生的课余生活，让其把时间和精力都投入到丰富多彩的社会活动中去。通过课堂内外教学与实践、校园文化宣传、社会实践等多种途径，帮助学生树立正确的人生观和价值观，正确认识和对待个人能力和价值及生活中可能遇到的困难与问题，促使其把对网络的好奇和沉迷转向在现实世界的健康发展，从内心出发主动减少对网络的过度依赖，以现实生活为重心，热爱周围环境，投入学习和工作中实现自身的价值。

(4)开设专门课程对学生进行网络教育。传授必需的网络知识，创造良好的校园网络环境和网络规范，引导他们形成正确的上网行为，培养其自我控制行为，使他们能够正确运用互联网，消除网络虚拟世界对心理和行为的消极影响，打造绿色网络。

2.倡导正确的家庭教育

家庭的理解和支持，可以使孩子感受到温暖和爱。生活在安全舒适的环境中，心中有所归依，可消除孩子的焦虑、抑郁等不良情绪；而父母若有惩罚严厉、过分干涉、过度保护、拒绝否认等不良养育方式，会使孩子得不到良性支持，容易使他们出现缺乏同情心、孤僻、不善交往、违纪等不良问题，转而从网络寻求依托。事实上，对孩子施行正确的家庭教育是预防学生网络综合征问题的关键。

3.学生应对网络综合征的具体措施

(1)一定要注意保持正常而规律的生活，不要把上网作为逃避现实生活问题或者发泄消极情绪的工具。

(2)上网要有明确的目的，有选择性地浏览自己所需要的内容。

(3)上网过程中应保持平静心态，不宜过分投入。

(4)平时要丰富课余生活，如外出旅游、和朋友聊天、散步、参加一些体育锻炼等。

(5)出现网络综合征的早期症状时，应及时停止操作并休息。必要时可安排心理治疗。

(6)上网时间不宜过长。如果上网时间过长,电脑荧屏的电磁辐射会对人体健康不利。娱乐有度,不可过于痴迷。

(7)要注意远离一切不良信息,从严控制,以免成为网络综合征的受害者。

网络在给学生提供了许多便利的同时,也使不少缺乏自控力的学生整日沉迷于网络,很容易就产生网络综合征,所以创建健康的网络环境显得尤为重要。因此,各方面应共同努力,创造一个健康的互联网使用环境,使学生最大限度地受益于互联网,促进其成长成才,推动学校良好学风、校风的形成。

学以致用

1.常见的网络诈骗有哪些类型？怎样防范网络诈骗？

2.网络淫秽的危害有哪些？

3.学生应如何避免网络综合征的产生？

项目实训

实训任务:计算机网络和国际互联网的出现,使信息网络化的浪潮席卷全球。网络为人们提供了丰富的信息资源,创造了精彩的娱乐时空,已成为人们学习知识、交流思想、休闲娱乐的重要平台,增强了人们与外界的沟通和交流。但网络是一把双刃剑,其中一些不良内容也极易对青少年造成伤害。为帮助学生认识到网络成瘾的危害,正确使用互联网,学校要求每个班级开展拒绝沉迷网络的专题宣讲活动。

实训要求:请学生围绕"预防网络成瘾,我们应该这样做"为主题制定该活动方案,并以小组形式对该方案进行实施。实训工单见表2-1,实训评价表见表2-2。

表2-1　实训工单

活动目标	
活动内容	
活动形式	
活动的实施过程	
活动心得	

表 2-2　实训评价表

专业		班级		组别	
姓名		学号		成绩	
实训中遇到的问题					
解决方法					
思考总结					

教师审阅意见：

签名：

年　月　日

项目三　校园安全教育

项目导语

　　深入贯彻学习习近平总书记关于总体国家安全观的重要论述,从人民安全、国家安全的高度,深刻认识维护学校安全、师生安全的重要性,准确把握当前学校安全工作面临的风险和挑战,切实把学校安全稳定各项任务落到实处。

　　校园安全是社会各界所关注的重点,为学生营造一个安全、愉悦、舒适的环境,需要社会各界的共同努力。本项目主要介绍学生进入学校后应掌握的安全常识,指导学生在学校如何学会保护自己的人身和财物安全,提高学生的自我防范意识,使学生更快地适应新的校园生活和校园环境,为今后的学习和生活奠定基础。

学习目标

1.了解发生运动意外事故的施救措施和发生踩踏时保护自己的方法。

2.通过学习,能够辨别诈骗行为,做出相应的防范措施。

3.增强个人财产安全和人身安全的意识。

第一节　预防校园踩踏事故

案例导入

某中学踩踏事件致1人死亡、5人受伤

　　2023年11月13日,河南省焦作市某中学发生踩踏事件。据了解,该校的男厕所设置在两层楼之间,学生需要走楼梯才能到达。楼梯栏杆完好无损,原本应该安全无虞。然而,当天在大课间休息时间,学生集中前往厕所导致楼梯上出现拥堵现象。一名学生绊倒后,其他同学随之跟着倒地,形成了踩踏事故。

　　这一场悲剧导致了严重的后果。有人紧急拨打急救电话,多辆救护车迅速赶到现场,将伤者送往医院进行抢救。然而不幸的是,其中一名学生经过全力抢救后还是身亡了,另外还有一名学生重伤,四名学生轻伤。

　　(资料来源:武陟县人民政府.情况通报[EB/OL].(2023-11-14)[2024-06-10].http://www.wuzhi.gov.cn/wzx/cms/20231114131704000001.)

案例思考

1.学生上厕所发生踩踏事故的原因是什么?

2.生活中应如何预防踩踏事故的发生?

一、校园踩踏事故发生的原因

造成校园踩踏事故的原因主要有以下五个方面。

(1)校园中的踩踏事故多发生在放学、集会、就餐之时,学生相对集中,且大家的心情都比较急迫。部分学生不易控制自己的情绪,遇事慌乱,常常出现拥挤并大喊大叫的现象,使场面失控。

(2)学校校舍比较老旧,照明设备、楼梯设计不合理,高楼层的学生下楼梯到一、二楼时,人员相对集中,容易形成拥挤。

(3)部分学生平时缺乏对事故防范知识的学习和训练,不能采取有效的应急措施。不善于自我保护,在拥挤或弯腰拾物时被挤倒,或被滑倒、绊倒,造成挤压事故。

(4)有个别学生搞恶作剧,遇有混乱情况时趁势狂呼乱叫,推搡拥挤,以此发泄情绪或恶意取乐,致使惨剧发生。

(5)晚上突然停电或楼道灯光昏暗,楼梯较窄,不能满足人员集中上下楼梯的需要,造成拥挤、踩踏事故。

知识拓展

踩踏事故的含义

踩踏事故,是指在聚众集会时,特别是在整个队伍移动时,有人意外跌倒后,后面不明情况的人群依然在前行,对跌倒的人产生踩踏,从而产生惊慌,加剧了拥挤和增加新的跌倒人数,并形成恶性循环,造成群体伤害的意外事件。学校作为人员较为密集的场所,是比较容易发生踩踏事故的地点。

二、踩踏事故的预防

在踩踏事故中,一旦有人摔倒,就会被惊慌的人群踩踏过去,而且踩踏过去的人根本不知道其踩踏至什么部位。身体的重要部位,如头部、腹部都会受伤,腹部内的脏器会受损,造成破裂出血,躯干部位容易擦伤或造成骨折。踩踏事故造成伤害的直接原因在于拥挤的人群重力或推力叠加,如果有多人推挤或压倒在一个人身上,其产生的压力可能会将这个人的胸腔挤压到难以或无法扩张的程度,就会发生挤压性窒息。此外,也有受害者并非倒地,而是以站立的姿势被挤压致死的。

踩踏事故一经发生,几乎都会造成学生伤亡的结果,且往往是群体性伤亡,危害极大,影响恶劣,严重影响学生的生命安全和学校正常的教学秩序。受伤学生耽误学业,往往需要长期医治才能康复,事故中造成的心理阴影也需要后续长期的关注咨询才能康复。为预防踩踏事故,学生需要做到以下四点。

(1)学习安全知识,提高保护意识。

认真对待安全教育课程,学习安全知识,了解踩踏事故的发生原因和危害,以减少踩踏事故的发生。举止文明,人多的时候不拥挤、不起哄、不制造紧张或恐慌气氛。遇到拥挤、起哄行为要敢于劝阻和制止。

(2)养成良好习惯,遵守公共秩序。

文明礼让,不争抢楼梯和厕所等狭小空间。上下楼梯靠右行,不在狭小空间追逐打闹,在人群比较密集的场所遵守秩序,不争道抢行,避免踩踏事故的发生。

(3)掌握防护技能,减少自身伤害。

掌握在不同场合发生踩踏事故的自我防护措施,当踩踏事故发生时,切莫慌张,一定要冷静应对,保护好自己,并有序撤退。

(4)避免人员高峰期。

要避免人员高峰期(上课、下课、放学、集合),可适当提前或延后上下楼梯。做到"集体上时切勿下、集体下时切勿上",尤其是手上持重物、身体有病或有伤时更应注意。

三、发生踩踏现象时的自护方法

(1)发觉拥挤的人群向自己行走的方向靠近时,应立即避到一旁,不要慌乱,不要奔跑,避免摔倒。

(2)顺着人流走,切不可逆着人流前进,否则很容易被人流推倒。在人群中,用双手抱胸,两肘朝外,以此来保护心脏和肺部不受到挤压。

(3)若身不由己陷入人群之中,一定要先稳住双脚,切记远离玻璃窗,以免因玻璃破碎而被扎伤。

(4)若被人群推倒在地,要双手抱住后脑勺,双肘支地,胸部稍离地面,即使手肘被磨破,也不能改变动作。

四、出现混乱局面时的应急措施

(1)在拥挤的人群中,要时刻保持警惕,当发现有人情绪不对,或人群开始骚动时,要立即做好准备保护自己和他人。

(2)脚下要灵活,千万不能被绊倒,避免自己成为拥挤踩踏事故的诱发因素。

(3)当发现自己前面有人突然摔倒了,要马上停下脚步,同时大声呼救,告知后面的人不要向前靠近。

(4)若被推倒,要设法靠近墙壁,面向墙壁,身体蜷成球状,双手在颈后紧扣,以保护身体最脆弱的部位。

五、踩踏事故的处理办法

(1)拥挤踩踏事故发生后,一方面,赶快报警(拨打110、119或120等),及时联系外援,寻求帮助,等待救援;另一方面,在医务人员到达现场前,要抓紧时间用科学的方法开展自救和互救。

(2)在救治中,要遵循先救重伤者、老人、儿童及妇女的原则。判断伤势的依据有:神志不清、呼之不应者伤势较重;脉搏短促而乏力者伤势较重;血压下降、瞳孔放大者伤势较重;有明显外伤、血流不止者伤势较重。

（3）当发现伤者呼吸、心跳停止时，要赶快做人工呼吸，辅之以胸外按压。

六、教室内的踩踏事件的安全防范

（1）下课出教室时要逐排、逐列或分批次有序走出，严禁课堂讲课一结束学生便蜂拥而出。学生走出教室后要远离门口，不得堵塞门口和走廊通道。

（2）上课铃响后学生进入教室要自觉排队，教师和学生干部要维持秩序，严禁学生恶作剧、推搡、嬉闹、起哄，严禁学生蜂拥而入。

（3）学生出入教室不得奔跑、跳跃、追逐打闹、相互拉手、勾肩搭背，严禁倒退行走，有进有出时应靠右行走并按上课先进后出、下课先出后进的原则相互让行。

（4）严禁学生在教室门口玩耍或较长时间逗留，严禁将课桌椅、劳动工具或其他物品摆放在教室门口和教室内的人行通道上，以免阻碍通行。

（5）平时上课期间要保证教室前后门畅通，学生进出教室高峰阶段要规定好哪些学生该从哪个门出入，通过检查、监督、矫正来培养学生按指定门出入的习惯。

（6）课前、课间学生不得在教室门口、附近走廊和教室内人行通道等处聚集、玩耍、打闹、相互追逐，以防止阻碍交通或发生碰撞、摔伤等安全事故。

（7）班主任和科任教师要明确分工，坚守职责，加强对学生出入教室的安全教育和监督管理，坚持做到节节下课前必讲，确保做到每节课课前、课后教师站教室门口疏散通行。

（8）学校安全管理人员和值日师生要坚持做好学生出入教室的安全检查和通报工作。

小贴士

发生踩踏时的自我保护动作

（1）双手扣颈并护头。

在拥挤的人群中摔倒，颈椎很容易被踩伤。可将双手十字交叉，扣在颈椎处保护颈椎。同时，手臂尽量护住头颅，避免受到伤害。

（2）侧卧倒地腿收拢。

相比之下，侧面的抗冲击能力要强一些，倒地瞬间侧面着地更有利于减小对内脏的冲击。同时，尽快把双腿并拢，避免因为两腿悬空被踩至骨折的悲剧。

（3）全身用力缩成团。

蜷缩成一团后会减小被踩到的面积，尽可能用力使膝盖和肘关节相连，保护好内脏，使身体肌肉紧绷，进一步保护不会被踩伤。

特别提醒：上述三点需要在倒地瞬间同时做到。因此，学生要定期反复训练，形成肌肉记忆，才能在突发情况时用得上。

学以致用

1.发生踩踏事故时学生应该怎样应对？

2.若在拥挤的人群中发现自己前面有人突然摔倒了应该怎样处理？

第二节　预防校园欺凌

案例导入

职业学生网上控诉遭同学欺凌

　　一位自称是山西祁县某职业中学学生的庞某发文称,在过去的 200 余天内,他遭受同学李某、孟某等人包括烟头烫手、被褥泼水等在内的"欺凌毒打"。庞某还表示,其几次向班主任反映后反遭报复。经调查取证,庞某宿舍同学李某、孟某等人对多次殴打庞某的事实供认不讳。

　　(资料来源:山西职高生被同学欺凌致伤致郁?　警方:三未成年人被采取措施[EB/OL].(2019-06-19)[2024-06-10].http://jres2023.xhby.net/tuijian/201906/t20190619_6232568.shtml.)

案例思考

1.简述为避免发生校园欺凌事件,学校和老师应当怎样尽到教育、管理的职责。

2.如果遭遇了校园欺凌,应该怎么做?

一、欺凌与校园欺凌的概念

欺凌是指一种通过长时间、故意的身体接触、言语攻击或心理操纵而让他人产生伤害或不适的行为,它具有恃强凌弱、直接或间接、主动或被动、单独或结伴的特点。欺凌行为的参与者通常包括欺凌者、被欺凌者和旁观者。欺凌通常可分为直接欺凌和间接欺凌。

(1)直接欺凌。直接欺凌是指欺凌者一方通过身体动作或口头语言直接对受欺凌者实施的欺凌,如羞辱、嘲讽、打、踢、抢夺物品等。

(2)间接欺凌。间接欺凌是欺凌者一方通过各种中介对受欺凌者实施的欺凌,如背后说人坏话、散布谣言、合伙孤立他人、社会排斥等。

2016 年 4 月,国务院教育督导委员会办公室印发的《关于开展校园欺凌专项治理的通知》(国教督办函〔2016〕22 号)中将校园欺凌定义为:"发生在学生之间,蓄意或恶意通过肢体、语言及网络等手段,实施欺负、侮辱造成伤害的行为。"校园欺凌既可以是一对一的,也可以是聚众行为,即一群人对几个人或一群人对一个人的欺凌。

二、欺凌者与被欺凌者的特征

(一)欺凌者的特征

欺凌者主要有以下五方面特征。

（1）对现实或媒体曝光的暴力或色情行为有认同感,喜欢模仿或效仿。

（2）霸道和盛气凌人,倾向于使用武力或卑劣手段欺压他人。

（3）内心扭曲,对受害同学缺少同情心。

（4）比较以自我为中心,能得到部分同学的认同。

（5）家庭问题较多,存在一定程度的心理问题。

被动欺凌者是指看见欺凌者的行为得逞,于是协助及附和欺凌者,成为欺凌者的帮凶的人。有的是为保护自己免受欺凌,站在欺凌者立场上助威;有的是看见欺凌者欺凌受害者后,讽刺、挖苦受害者,或现场通过互联网传播,造成受害者心灵伤害。

（二）被欺凌者的特征

被欺凌者主要有以下六方面特征。

（1）性格内向、害羞、老实、胆小,不敢反抗。

（2）性格孤僻,只有个别朋友或没有朋友,在班级十分孤单。

（3）缺乏社交能力,不善于与同学相处,容易引起同学的不满和反感。

（4）有身体缺陷或智力障碍。

（5）沉默、表达能力差,性格或行为上异于普通同学,如邋遢的孩子容易成"出气筒"。

（6）在家庭不被重视或不被关爱,或家庭教育偏执。

三、校园欺凌的特点

校园欺凌具有隐秘性强、低龄化、群体性强、网络化、流动或留守儿童密集的地方多发等特点。

（1）校园欺凌隐秘性强。很多欺凌事件都发生在学生宿舍内、校园卫生间、校园周边偏僻的街巷等地方。欺凌者往往选择老师或路人不易关注或逗留以及人员不密集的地方。在时间段上,也大多选择避开老师监管密集的时间段,如放学时间、夜间等。

（2）校园欺凌呈现低龄化趋势。中国青少年研究中心"青少年法治教育研究"课题组在 2020 年至 2022 年针对 3 108 名未成年学生的调研显示,53.5% 的学生认为自己遭受过校园欺凌。

（3）校园欺凌群体性较强。从已发生的案件看,一对一的欺凌占比极少,绝大多数是多人对一个人的欺凌。

（4）校园欺凌的网络化愈演愈烈。随着网络的普及,利用网络公开他人隐私,或发表侮辱性和煽动性的言论,或将欺凌视频曝光,给受害者带来二次伤害的现象逐年增多。

（5）在流动、留守儿童密集的地方,欺凌事件往往呈高发态势。校园欺凌事件不少发生在城乡接合部的学校,而这些学校正是流动、留守儿童聚集的地方。流动、留守儿童的父母往往忙于生计,很少关心孩子的教育问题,使得这些孩子因缺少保护,成为被欺负的对象。一些流动、留守儿童无法找到自身的定位和价值,容易被歧视,也很容易成为校园欺凌的施暴者或受害方。

四、校园欺凌的形式

1.网络欺凌

网络欺凌指利用互联网侵犯被欺凌者的隐私、损害人格或名誉。随着网络的发展,网络欺凌也越来越普遍。网络欺凌不仅会对被欺凌者的精神造成伤害,而且因为网络的互联互通特性,使得欺凌事件的影响力比一般的校园欺凌更大,对被欺凌者的影响也更深。

2.肢体欺凌

这是最容易辨识的一种欺凌,是指肢体上的暴力,如拳打脚踢、扇耳光、撕扯衣物等。除此之外,强夺财物、故意损毁他人物品也属于身体欺凌。

3.语言欺凌

语言欺凌指用言语对他人进行嘲笑、谩骂、起侮辱性绰号、诋毁等行为。语言欺凌是伤害被欺凌者的一把锐利的"软刀子",这种暴力比起外表的伤痕来说更为严重和可怕,也更不容易被察觉。

4.社交欺凌

社交欺凌也是不容易察觉的一种欺凌形式,表现为故意离间破坏同学之间的关系,如散播谣言、暴露他人隐私、损毁他人形象、孤立以及令其身边没有朋友等。

五、学生预防校园欺凌的方法

预防"校园欺凌",应做到"三不"。

1.不做被欺凌者

(1)不携带较多的钱和手机等贵重物品,不公开显露自己的财物。

(2)前往校园周边巷子拐角等校园欺凌可能多发地时尽量结伴而行。

(3)与同学友好相处,宽容、理性、平和解决矛盾,不采用过激方式。

(4)提升自我防护意识和防护能力,平时加强身体素质训练,以便在危险的时刻进行自保。

2.不做欺凌者

故意殴打他人、暴力侮辱他人、暴力索取他人财物、故意非法伤害他人等行为有可能构成我国刑法中的寻衅滋事罪、强制侮辱罪、抢劫罪、故意伤害罪等,学生平时应增强法治意识和法治信仰,充分认识到校园欺凌行为的违法性和严重性。

3.不做附和者或冷眼旁观者

(1)拒绝煽风点火,拒绝成为欺凌者的"帮凶"。

(2)拒绝当事不关己的旁观者,适当对被欺凌者表达同情和关心。

(3)在能力范围内施以援手,帮助被欺凌者。

(4)及时向老师、家长报告,甚至报警。

知识拓展

预防校园欺凌,家长应该做些什么

(1)家长在平时应多关注自己的孩子,要尊重、关心、理解孩子,教育孩子时要晓之以理、动之以情,切忌对孩子采取简单粗暴的方法,要重视孩子的心理健康教育,同时要关注孩子的交友情况。

(2)重视与老师、学校的沟通与联系,多了解孩子在校的情况。

(3)家长在平时可以结合一些常见的校园欺凌现象来引导孩子,并进行预防教育。在预防教育中,引导孩子学会分辨事情的对与错、曲与直,不能诱导孩子片面出手,或者为不受欺负而以暴制暴。当然,也要教孩子一些自我保护的方法,以便遇事能够从容处理。

(4)教育孩子在遇到问题时要沉着冷静,教会孩子坚强面对。告诉孩子如果遭遇校园欺凌事件一定要及时和家长、老师沟通情况,不要一个人默默承受身体和心理上的创伤。

(5)如果孩子遭遇校园欺凌后,在心理上出现害怕上学、害怕出门、交友焦虑等情况,需要及时寻求心理咨询师等专业人士的帮助,他们可以提供专业的心理疏导,能够帮助孩子处理心理问题,恢复自信。

(6)加强法治教育。让孩子了解自己的权利和如何通过法律途径保护自己,增强孩子的自我保护意识。

六、校园欺凌的应对措施

1.不冲动

与同学发生了不愉快的事情,切记不要冲动地妄下论断,应该冷静下来,去思考怎么解决此次事件。必要时应寻求老师的帮助,不要意气用事,将小事变大,把事态推向更严重的方向。

2.学会化解,晓以利害

不管是当事人还是旁观者,都应该积极地去化解矛盾,必须明白其中的利害关系,知道发生打架事件后需要承担的后果,明白打架是百害而无一利的。

3.学会自救与求救

若遭受校园欺凌,务必保持冷静,切勿惊慌失措。可运用战略转移之法,尽量拖延时间,勇敢而智慧地保护自身的权益。如有必要,可面向行人发出呼救,或采取一些异常行为以唤起旁观者的关注与援助,努力抓住任何可能的救助时机。

普法小课堂

我国有关校园欺凌的法律条款

《中华人民共和国未成年人保护法》第三十九条规定:学校应当建立学生欺凌防控工作制度,对教职员工、学生等开展防治学生欺凌的教育和培训。

学校对学生欺凌行为应当立即制止,通知实施欺凌和被欺凌未成年学生的父母或者其他监护人参与欺凌行为的认定和处理;对相关未成年学生及时给予心理辅导、教育和引导;对相关未成年学生的父母或者其他监护人给予必要的家庭教育指导。

对实施欺凌的未成年学生,学校应当根据欺凌行为的性质和程度,依法加强管教。对严重的欺凌行为,学校不得隐瞒,应当及时向公安机关、教育行政部门报告,并配合相关部门依法处理。

学以致用

1.简述校园欺凌的特点。

2.如果在校园中发现了欺凌现象应该怎么做?

第三节　预防校园诈骗

案例导入

误信不明电话被骗

某高校学生李某接到一个自称是教育局工作人员的陌生电话,对方谎称有一笔学校的补助费要打到其银行账户,需要其到银行办理领取手续,并给了李某一个"财政局工作人员"的电话号码用于办理领取手续。李某信以为真,带上银行卡到银行后,拨通了"财政局工作人员"的电话,按照其要求在中国农业银行 ATM 机上将 11 000 元通过无卡存款的方式存到对方指定账户内,后对方要求继续存款到指定账户,李某才意识到被骗。

案例思考

1. 李某为何会落入诈骗圈套?
2. 学生应怎样预防校园诈骗?

一、校园诈骗的特点

(1)流窜作案,难以确定案发地点。

诈骗案件犯罪分子的活动规律是流窜作案,往往跳跃几个辖区作案,常常令警方难以确定犯罪现场。

(2)人财皆取,一箭双雕。

发生在学生中的诈骗案件中,除了财物诈骗外,还有欺骗学生感情。

(3)危害严重,损失大。

诈骗是一种危害严重的侵财犯罪,受害人财物损失数额较大。

(4)顾全名誉,隐情不报。

这也是学校诈骗案件的一大特点,学校诈骗案的受害人中,有许多学生由于轻信谎言上当受骗,一旦醒悟过来发现被骗懊悔不已,但又觉得自己为骗子的谎言所迷惑,如果声张出去有失体面,影响自己的名誉。

(5)动机不明,定性困难。

诈骗是一种手段多样、情节复杂的疑难案件,在司法实践中,有些诈骗案件的动机不明显,往往与其他经济案件相混淆,难以定性。

知识拓展

诈骗的含义

诈骗,是指以非法占有为目的、用虚构事实或隐瞒真相的方法骗取款额较大的公私财物的行为。由于它一般不使用暴力,而是在一派平静甚至"愉快"的气氛下进行的,受害者往往会上当。

二、校园诈骗作案的主要类型

1.冒充老师诈骗

诈骗分子潜伏在学校家长微信群内,并将自己的头像和昵称更换成班级老师的照片及名字,随后在微信群发送有关交纳新学期辅导书、学习资料、校服等费用的通知进行诈骗。

【防诈提醒】通常情况下,老师不会在微信群内进行收款。如遇此类情况,在转账前应当面或者打电话确认一下老师的身份。

2.虚假录取通知书诈骗

诈骗分子通过非法途径获取新生的录取信息，并抢在正规录取通知书送达之前向新生发放虚假的录取通知书。接着，他们要求新生将学费、住宿费等打入指定的银行账户实施诈骗。

【防诈提醒】登录学校和教育部的官方网站核实录取通知书的真伪，转账汇款时也需要核对账号是否是学校官方的。

3.招生录取诈骗

诈骗分子谎称自己认识高校领导、招生办负责人或教育部门有关领导，可以"内部补录""花钱买分"，甚至宣扬可以"低分高录"，帮助考生进入自己心仪的学校，从而要求家长支付所谓的好处费、公关费等实施诈骗。

【防诈提醒】正规招生不会存在内部补录，凡是收取额外费用的情况，请学生家长警惕。

4.开设非正规学校诈骗

诈骗分子针对落榜学生以自考助学班、网络教育班、合作办学等形式蒙骗学生及家长，或开设所谓的"野鸡大学"，谎称可以取得与正规大学同等的学历，后以各种名目收取高额费用实施诈骗。

【防诈提醒】不要被诈骗分子混淆了正规高等教育与其他教育形式之间的区别。在此类院校就读既学不到实质的专业知识，所获文凭也不被教育部门认可。

5."新生微信群"诈骗

诈骗分子在新生报到地点附近张贴所谓的"新生报到微信群""学生会群"等相关微信群的二维码，待新生扫码后，便在微信群中以缴纳报名费、入会费等为名实施诈骗。

【防诈提醒】切勿随意扫描二维码进群，转账付款前需谨慎。

6."学生急需诊疗费"诈骗

诈骗分子通过伪基站向学生家长群发附有木马病毒链接的短信，家长点击下载后，诈骗分子通过技术手段获取其通讯录，再假冒学校老师、医院工作人员拨打家长电话，谎称其子女在学校出现身体不适，已送医院，以"急需手术费、医疗费"等理由骗取钱财。

【防诈提醒】不要点开短信中的不明链接。接到此类电话时，需要冷静进行多方核实，不要轻易转账。

7.助学金、助学贷款诈骗

诈骗分子通过短信、视频平台、网站等发布有关助学金、助学贷款申请的广告，然后让学生支付申请费用或将其引流至相关投资软件中实施刷单、充值等诈骗。

【防诈提醒】助学金、助学贷款办理都不会预先收取费用。如遇此类情况，多与校方核查证实。

8.返还学费诈骗

诈骗分子针对一些异地入学的大学新生，假冒"教育部门"以"可返还学费"等为由实施诈骗。骗子通常会以"今天是最后一天"为借口，让受害者在紧迫感下匆忙听从骗子的"指导"进入相关界面进行操作，很多人在不知不觉中就将钱财转给了诈骗分子。

【防诈提醒】遇到此类情况，请先与学校老师核实情况的真伪，切勿轻信陌生人的花言巧语。

9.兼职刷单类诈骗

诈骗分子针对学生兼职需求，通过网页、论坛、社交软件等广泛发布兼职刷单广告，谎称给网店刷单可以"足不出户、日赚千元"，并以交易成功后将获得本金和报酬等虚假承诺诱骗学生至网络平台或在软件中进行刷单，甚至进行网络博彩。

【防诈提醒】凡是刷单都是诈骗，天上不会掉馅饼。

三、诈骗的防范措施

（1）帮助陌生人要讲究方法，绝不能因为好面子而将自己的财物交其处理，或跟随陌生人去往陌生的地点。

（2）要相信网络中所谓的"非常渠道"的货源，便宜的背后往往就是骗人的把戏。

（3）不要将个人有效证件借给他人，以防被冒用。

（4）不要将个人信息资料如银行卡密码、手机号码、身份证号码、家庭住址等轻易告诉他人，以防被人利用。

（5）不可轻信广告或网上勤工助学、求职应聘等信息，通过正规的招聘网站或招聘会寻找工作机会，事先调查了解招聘企业的基本信息。

（6）不要相信所谓的内幕消息，对方想的可能只是赚取你的入会费。

（7）与人相处目的要纯正，以高利投资、贪图享乐为目的往往会被人设局。

（8）养成"做决定前想三分钟的习惯"，或者和亲友、老师商量一下，减少未知风险。

（9）在正规的网店、购物平台购物，不浏览非法网站。

（10）如遇要求缴纳各种费用的招聘企业要及时警醒，多数都是骗子公司。

四、被诈骗后急救措施

当自己的钱财被诈骗分子骗取后，应立即报警，保存好与骗子的聊天记录、交换的物件等，并向警方提供有利线索，同时不要打草惊蛇，以免骗子逃之夭夭。如果被骗钱财数额较小，可先寻求学校保卫处、老师或家长的帮助，切莫借用"破财免灾""无关痛痒"的想法隐瞒了事，使诈骗分子逍遥法外。

学以致用

1.校园诈骗有哪些特点？

2.诈骗分子的主要诈骗手段有哪些？

项目实训

实训任务：为进一步增强学生对校园诈骗的认知，预防和减少校园诈骗案件的发生，要在学校内广泛开展预防校园诈骗的宣传活动。此次宣传活动旨在强化学生的防范意识，构筑坚实的思想防线，提高学生对校园诈骗的防范、鉴别和自我保护能力，切实保护校园的安全，为创建平安和谐校园提供有力保障。

实训要求：请学生以小组为单位，针对此任务策划活动方案并执行，并在活动结束后在课堂分享此次宣传活动的收获。实训工单见表 3-1，实训评价表见表 3-2。

表 3-1　实训工单

宣传活动的选址	
宣传活动的组织成员分工	
宣传展板的设计元素	
宣传展板的内容	
宣传单设计的主题与内容	
发放宣传单的方式	
宣传活动的收获	

表 3-2　实训评价表

专业		班级		组别	
姓名		学号		成绩	
实训中遇到的问题					
解决方法					
思考总结					

教师审阅意见：

签名：

年　月　日

模块二　人身安全防护篇

项目四 意外伤害与防范

项目导语

　　近年来,发生在校园中的学生意外伤害案件屡见不鲜,包括性侵害、运动事故、溺水等。究其原因,多是学生缺乏安全意识及安全防范知识,在危险发生时束手无策,从而为自己带来不必要的身心伤害及财产损失。因此,了解这些侵害的预防应对措施,对于保障学生的人身及财产利益显得尤为重要。

学习目标

1.掌握性侵害危机的预防和应对。

2.掌握运动事故的紧急处理措施。

第一节 预防性侵害

案例导入

职业学生遭受学校教师猥亵

　　小 A 在初中毕业后就读于某职业学校。进入学校后,她遇到了一位名为黄某的男教师,黄某以管理学生会的名义,通过微信添加小 A 为好友,多次在学生宿舍熄灯之后要求小 A 离开宿舍去找他,小 A 并未搭理。之后黄某越发大胆,在小 A 的宿舍内对小 A 进行了三次猥亵行为。但是,小 A 并没有将此事及时告知家长,直到她的父母发现孩子不愿回校后,小 A 才勇敢地向父母讲述了整个经历。

案例思考

1.性侵害有哪些形式?

2.学生在遭遇性侵害时应该如何逃脱?

一、性侵害的含义

性侵害是包括一系列违反本人意愿的性接触、性骚扰、性暴力并给本人带来身心不良后果的行为的总称。近年来,性侵害事件在各级学校时有发生。青少年受到性侵害,将会使其身心受到极大的创伤,甚至会给其一生带来严重的影响。因此,学习如何预防性侵害,进行正确恰当的性教育,对人的一生有着极其重要的意义。

校园性侵害是指事件双方当事人为学校教职员工及学生,或事件发生于学校中。校园性侵害涵盖的范围相当广泛,包括带有性意味、性暗示或性别歧视的言语言论、文字以及不受欢迎的肢体触碰,或者与性或性别有关的行为。

二、面对性侵害时的防身策略

面对性侵害时,一般女性的体力弱于男性,防身时要把握时机,出奇制胜,狠、准、快地出击其要害部位,即使不能制服对方,也可制造逃离险境的机会。可以使用身体的某些部位和随身携带的一些物品防性侵害,具体做法如下。

(1)手指,可戳击侵害者眼睛。

(2)指甲,可抓袭侵害者脸部、喉咙。

(3)肘部,可猛击侵害者胸部、背部,是最强有力的反抗武器。

(4)膝盖,可顶撞侵害者裆部。

(5)脚,用脚前掌飞快踢侵害者胫骨、膝盖或裆部,非常有效。

(6)哨子是便宜而有效的防侵害用具,一旦发生状况可大声吹哨子求援。

(7)随身尖锐物品,如发夹、别针或雨伞等。

(8)石头、砖块、木棍、树枝、沙子等。

(9)防身器。

与此同时,要注意设法在侵害者身上留下印记或痕迹,以备追查、辨认案犯时作为证据。

三、性侵害的预防

近年来,校园性侵害事件时有发生,严重威胁着学生的身心健康。预防校园性侵害工作,是校园安全工作中一项长期艰巨的任务,需要全社会的共同努力,以形成一个全方位的保护网络,确保学生的安全和健康。校园性侵害的预防可以从学校和学生两个方面着手。

(一)学校方面

(1)加强性教育。性教育是预防校园性侵害的首要任务。学校应该加强对学生的性教育,包括性知识、性道德、性心理等方面的教育,让学生正确认识性,树立正确的性观念,提高自我保护意识,学会拒绝不良的性侵害行为。

（2）建立预防机制。学校应建立健全预防机制，包括建立校园性侵害事件的举报渠道和处理机制，制定相关的预防措施和应急预案，加强对师生的安全教育和培训，提高师生的预防意识和自我保护能力。

（3）加强师生监管。学校应加强对师生的监管，建立健全的师生关系，营造良好的校园文化氛围。对师生之间的关系进行严格管理，加强对师生的心理辅导和关怀，及时发现和解决师生之间的矛盾和纠纷，防止不良的师生关系导致性侵害事件的发生。

（4）加强家校合作。学校和家庭是学生成长的重要环境，学校应加强与家庭的沟通和合作，加强家长对学生的关爱和监督，让家长参与到学生的性教育和安全教育中来，为学生的健康成长共同努力。

（二）学生方面

（1）外出时应先了解环境，尽量选择安全的路线行走，避开荒僻和陌生的地方。

（2）晚上尽量避免单独外出，外出后随时与家长联系。

（3）外出时要注意周围动静，警惕陌生人的搭腔，如有人盯梢或纠缠，尽快向人多的地方靠近，必要时可呼救，或向路人求助，拨打"110"电话报警。

（4）要学会拒绝，当因他人触碰而产生不舒服或不安的情绪时，可立即要求对方停止，大胆反抗。

（5）女性应该避免单独和男性在僻静、封闭的环境中会面，尤其不要到对方家里去。家长不在家中时也不要将外人带到家中。

（6）在外不可随便食用陌生人给的食品，谨防其中有麻醉药物；拒绝他人提供的色情影视录像和书刊图片，预防其图谋不轨。

（7）独自在家时注意关好门，拒绝陌生人进屋。

（8）晚上单独在家时，如果发觉有陌生人进入室内，应果断关灯，喊叫求救或拨打"110"电话报警。

四、性侵害发生后的处理

首先要尽早意识到性侵害正发生在自己身上。当有人刻意触碰自己的身体时，应迅速脱身，或向周围的人求助，或打电话向亲友及警方求救。即使是被胁迫也不要轻易跟随对方远离闹市区，侵害者很难在不引起其他人注意的情况下强行将受害者带走。

如果不幸遭到性侵害，不要惊慌失措，首先要远离侵害者，到一个安全的地方，防止被二次侵害，并收集证据。身上的伤口、痕迹等均可作为证据。另外，侵害者的骚扰短信、信件等也可以作为证据。受到了性侵害要尽快告诉家长并报警，要学会利用法律手段保护自己，避免让侵害者逍遥法外。

📠 学以致用

1.遇到性侵害时有哪些防身策略？

2.如何预防性侵害？

第二节　预防运动意外事故

案例导入

投掷铅球导致颅骨骨折

王某(女)与张某(男)系某中学高一学生。在一次体育课上,老师安排男同学练习投掷铅球,女同学练习跳、跑,并一再强调了安全问题。在课间休息时,王某出于好奇,来到铅球场地与张某比试,看谁投掷的铅球远。由于投掷的动作不规范,张某投掷的铅球正好砸中王某的头部。王某当即被老师送至医院,经诊断为颅骨骨折。

案例思考

学生张某投掷的铅球导致学生王某颅骨骨折的根本原因是什么?

一、运动意外事故发生的因素

1.保护防护缺失

很多人在运动过程中缺少自我保护意识和防护措施,单独使用器械锻炼或者踢足球不戴护腿板,这些行为往往存在较大的安全隐患。

2.运动环境不良

运动场地不平整,运动器械破旧,都会对运动中的人员造成安全威胁。

3.思想认识松懈

运动过程中注意力不集中,互相打闹,互相追逐,也会造成运动意外。

4.身体状态欠佳

出现感冒、发热等症状仍旧进行运动,有先天性疾病不遵医嘱进行运动,都会存在很大的运动意外风险。

5.准备活动不充分

运动前不做准备活动或准备活动不充分,会大大增加肌肉拉伤和关节扭伤的概率。

二、运动前的安全注意事项

1.做好自我保护和防护措施

根据运动项目,选择合适的运动鞋、运动装等,必要时佩戴好护具,充分保护自身安全。

2.检查运动场地和设施器材

课前要认真检查运动场地和运动器材,消除安全隐患。要注意场地中的不安全因素,如场地是否平整、沙坑的松散度是否符合标准、是否有石子杂物等;检查体育器材的完好度,如设施是否牢固、安全等。

3.运动前做好准备工作

做运动之前不要佩戴各种装饰物,不要携带尖利物品等。要穿运动服装、运动鞋,做好热身运动,活动关节,拉伸肌肉,让身体热起来,充分唤醒自己的身体肌肉和心肺活力,让自己的身体适应运动的状态。

4.充分了解自己的身体状态

要在身体健康、精力充沛的情况下运动,保证自己的健康状态,生病时要保证休息。只有充分了解自己的身体状态,才能预防运动意外。参加体育活动时要根据自身身体素质条件,选择最有利于增强体质的运动负荷。只有适宜的运动负荷,才能有效地增强体质,提高健康水平。

三、发生运动意外事故的施救措施

常见的运动意外事故包括擦伤、扭伤、肌肉拉伤、骨折、脱臼、鼻出血、脑震荡等,当事故发生时,要及时正确地处理伤患处,以减轻伤害,帮助后期愈合。具体处理方法如表4-1所示。

表4-1 发生运动意外事故的施救措施

意外事故类型	含义	施救措施
擦伤	皮肤表面受到摩擦后的损伤,分为轻度擦伤和重度擦伤	用生理盐水清洗创口,若有砂石等杂物,应用消毒工具清理干净。严重者应到医院处理并注射"破伤风"针。切记不要直接用自来水冲洗创口
扭伤	常常是四肢关节或躯体部位的软组织(如肌肉、肌腱、韧带等)损伤,而无骨折、脱臼、皮肉破损等。临床主要表现为损伤处疼痛、肿胀和关节活动受限,多发于腰、踝、膝、肩、腕、肘、髋等部位	应先止血、止痛。可把受伤肢体抬高,用冷水淋洗伤处或用冷毛巾进行冷敷,使血管收缩,减少出血,减轻疼痛。不要乱揉,防止出血增加。在伤处垫上棉花,用绷带加压包扎。受伤48小时以后改用热敷,促进瘀血的消散
肌肉拉伤	由于准备活动不充分,或在剧烈的运动中由于外力作用,关节发生了超范围的活动,造成肌肉或韧带拉伤。表现为受伤部位局部红、热、肿,有刺痛感	采用冰袋或冷毛巾进行冷敷。切记不要直接按摩、热敷或继续活动
骨折	指身体不同部位的骨头完整性受破坏,多发生在四肢部位	应立即用夹板、三角巾对骨折部位进行固定,送医院诊治。固定的目的是降低因损伤而造成的致残率,也利于对伤者进行搬运
脱臼	指受直接或间接的暴力作用,关节面脱离了正常的解剖位置	动作要轻巧,不可乱伸乱扭。可以先冷敷,扎上绷带,保持关节固定不动再请医生矫治
鼻出血	主要指鼻腔黏膜裂伤、围成鼻腔支架的鼻骨等骨折撕裂血管引发的出血,大多数情况下不太严重。但如果鼻出血长时间止不住,则需要警惕颅底骨折的可能性	应使受伤者先坐下,并把头向后仰,暂时用口呼吸,鼻孔用纱布塞住,用冷毛巾敷在前额和鼻梁上,一般即可止血

意外事故类型	含义	施救措施
脑震荡	指头部遭受外力打击或碰撞到坚硬物体,使脑神经细胞、纤维受到过度震动,可分为轻度、中度和重度脑震荡	对待体育活动中头部受到撞击伤害的同学,应使其静坐,询问是否有头晕、头痛的感觉。如果觉得头晕恶心应立即前往医院就诊;如果仅碰触才有轻微头痛,可卧床休息,密切观察,随时就医。对中、重度的脑震荡,要保持伤员绝对安静,仰卧在平坦的地方,进行头部冷敷,注意保暖,及时送医院治疗

学以致用

1.谈谈该怎样处理在运动中受到的创伤。

2.当发现同学或朋友受伤后,应该怎样做?

第三节　预防溺水

案例导入

3 名初中生在河道玩水,意外溺亡

2024 年 5 月 9 日,广东湛江廉江市某镇 7 名学生在河道游泳时发生意外,其中 3 人溺亡。5 月 10 日中午,一名遇难学生家属告诉记者,事发时间是 5 月 8 日下午放学后,3 名溺亡的学生都是某中学初二年级的学生,且为同班同学,包括一名住宿生、两名走读生,事发地在离学校 10 公里左右的地方。

(资料来源:近期高发,已致多人遇难!紧急提示.[EB/OL](2024-05-16)[2024-06-20]. https://m.gmw.cn/2024-05-16/content_1303738322.htm.)

案例思考

1.学生应如何避免溺水事故的发生?

2.外出游泳时应注意哪些事项?

一、溺水的原因

(1)游泳者技术不熟练。

游泳者技术不熟练,在水中一旦发生意外便手忙脚乱,导致呛水。

（2）在非游泳区游泳。

游泳者对非游泳区的水情不熟悉，水中的暗桩、礁石、急流、旋涡、水草及其他障碍物等可能给游泳者造成伤害，发生溺水事故。

（3）患病期间游泳。

如患心脏病的人在游泳时由于受到冷水刺激或运动量过大，心脏会产生不适应，造成溺水。

（4）潜水时憋气时间过长。

潜水时，游泳者憋气时间过长，会引起脑缺氧而出现头痛、头晕或休克等现象，以致溺水。

（5）游泳时碰撞打闹。

有些人喜欢在水里打闹嬉戏，或是做一些危险动作，导致溺水。

（6）抽筋溺水。

游泳者在游泳前未做好热身活动，在水中出现抽筋，以致溺水。

（7）游泳时间过长导致疲劳。

游泳者过高估计自己的体能，游泳时间过长，身体过度疲劳也容易发生溺水事故。

二、溺水事故的防范策略

（1）不要独自一人外出游泳，更不要到陌生水域或比较危险且易发生溺水伤亡事故的地方游泳。要选择到正规的游泳场所游泳。

（2）必须有组织并在老师或熟悉水性的人的带领下去游泳，以便互相照顾。如果集体组织外出游泳，下水前后要清点人数，并指定救生员做安全保护。

（3）要清楚自己的身体健康状况，平时四肢就容易抽筋者不宜参加游泳，更不要到深水区游泳。

（4）对自己的水性要清楚，不要贸然跳水和潜泳，更不能相互打闹，以免呛水和溺水。不要在急流和漩涡处游泳。

（5）在游泳中，若出现小腿或脚部抽筋现象，千万不要惊慌，可用力蹬腿或做跳跃动作，或用力按摩、拉扯抽筋部位，同时呼救。

三、对溺水者的急救措施

1.发现溺水者如何将其救上岸

（1）可将救生圈、竹竿、木板等物品抛给溺水者，再将其拖至岸边。

（2）若没有救护器材，可以入水直接救护。接近溺水者时要转动溺水者的髋部，使其背向自己然后拖运。拖运时通常采用侧泳或仰泳拖运法。

2.如何开展岸上急救

（1）当溺水者被救上岸后，应立即将其口腔打开，清除口腔中的分泌物及其他异物。如果溺水者牙关紧闭，要从其后面用两手的拇指由后向前顶住他的下颌关节，并用力向前推。同时，两手的食指与中指向下掰颌骨，即可掰开溺水者的牙关。

（2）控水。救护者一腿跪地，另一腿屈膝，将溺水者的腹部放到屈膝的大腿上，一手扶住他的头部，使溺水者的嘴向下，另一手压溺水者的背部，这样即可将其腹内的水排出。

（3）如果溺水者昏迷、呼吸微弱或停止，要立即进行人工呼吸。若心跳停止，还应立即配合胸部按压，进行心脏复苏。

（4）在急救的同时，要迅速拨打急救电话，尽快将溺水者送往医院。

小贴士

游泳小常识

（1）必须在家长（监护人）的带领下去游泳。独自一人去游泳容易出问题，如果同伴不是家长（成年人），在出现险情时，很难保证能够得到有效的救助。

（2）身患疾病者不要去游泳。中耳炎，心脏病，皮肤病，肝、肾疾病，高血压，癫痫，红眼病等慢性疾病患者，以及感冒、发热、精神疲倦、身体无力者都不要去游泳，因为上述病人参加游泳运动，不但容易加重病情，而且容易发生抽筋、意外昏迷等事故，危及生命。

（3）参加强体力劳动或剧烈运动后，不能立即跳进水中游泳，尤其是在满身大汗、浑身发热的情况下，不可以立即下水，否则易引起抽筋、感冒等。

（4）一般来说，凡是水况不明的江河湖泊都不宜游泳，包括被污染（水质不好）的河流、水库、有急流处、两条河流的交汇处以及落差大的河流湖泊。

（5）在恶劣天气，如雷雨、刮大风等情况下，不宜游泳。

学以致用

1.如果在户外发现有人溺水该怎么办？

2.外出游泳之前应该做好哪些准备？

项目实训

实训任务:为进一步增强中职生对性侵害的认知,预防和减少性侵害事件的发生,要求班级内部开展防范性侵害的专题宣讲活动,提高学生对性侵害的防范、鉴别和自我保护能力,为创建平安和谐校园提供有力保障。

实训要求:3~6人一组,围绕宣讲会主题制定预防性侵害的安全教育活动方案,各组分别选出一名主讲人进行演讲,并在演讲结束后展开讨论。实训工单见表4-2,实训评价表见表4-3。

表4-2　实训工单

活动目标	
活动主题	
材料准备	
实施过程	
活动心得	

表4-3 实训评价表

专业		班级		组别	
姓名		学号		成绩	
实训中遇到的问题					
解决方法					
思考总结					

教师审阅意见：

签名：

年　月　日

项目五　食品及卫生防疫安全教育

项目导语

　　食品及卫生防疫安全是生命安全的重要保障,也是人体健康成长的基本需求。长期以来,党和政府高度重视食品安全与卫生防疫教育工作,积极开展各类安全教育活动,宣传普及安全防范知识,努力提升广大师生的安全防范意识和自护能力。作为一名中职学生,应当认识到食品及卫生防疫安全对维护其身体健康和生命安全的重要作用,积极配合学校和政府部门学习食品安全及卫生防疫的相关知识和技能,切实提高自身的安全素养。

学习目标

1.了解食品安全的基础知识及食物中毒的应急处理。
2.掌握常见传染病的防范措施。

第一节　食品安全

案例导入

因食用未炒熟的扁豆引发师生集体食物中毒

　　某学校发生一起食物中毒事件,多名师生出现了腹痛、呕吐、腹泻等症状。经专家组对中毒学生的检验,确定为摄入亚硝酸盐而引起的中毒。在住院治疗的师生中,亚硝酸盐轻度中毒38人,亚硝酸盐摄入反应94人。事故调查组对该校师生的食物进行全面检查,发现其中炒扁豆的炒制时间不够,导致亚硝酸盐超标,引起中毒。

案例思考

1.怎样做可以预防食物中毒？
2.食物中毒后，应该怎么办？

一、食品安全的基础知识

（一）了解与食品相关的代名词

1.食品安全

食品安全是指食品无毒、无害，符合应当有的营养要求，对人体健康不造成任何急性、亚急性或者慢性危害。食品安全既包括生产安全，也包括经营安全；既包括结果安全，也包括过程安全；既包括现实安全，也包括未来安全。

2.食品卫生

食品卫生是为防止食品污染和有害因素危害人体健康而采取的综合措施。世界卫生组织对食品卫生的定义是："在食品的培育、生产、制造直至被人摄食为止的各个阶段中，为保证其安全性、有益性和完好性而采取的全部措施。"

3.食品质量

食品质量是由各种要素组成的，这些要素被称为食品所具有的特性，这些特性的总和构成了食品质量的内涵。也就是说，食品质量是指食品的固有特性满足人们明确的以及隐含要求的能力。

4.食品的保质期和保存期

保质期（最佳食用期）是指在标签所规定条件下保持食品质量（品质）的期限。保存期（推荐的最终食用期）是指在标签所规定的条件下，食品可以食用的最终日期，超过此期限，产品质量（品质）可能发生变化，食品不再适于销售和食用。

5.食品污染

食品污染是指人们吃的各种食品，如粮食，水果、蔬菜、鱼、肉、蛋等，在生产、加工，运输、包装、贮存、销售、烹调过程中，混进了有害有毒物质或者病菌。食品污染会危害人体健康，导致机体损害（如急性中毒、慢性中毒以及致畸、致癌、致突变的"三致"病变），急性食品中毒及机体的慢性损害。

（二）了解无公害食品、绿色食品、有机食品的安全性能

1.无公害食品

所谓无公害食品，指的是无污染、无毒害、安全优质的食品，在国外称无污染食品、生态食品、自然食品。在我国，无公害食品生产地环境清洁，按规定的技术操作规程生产，将有害物质控制在规定的标准内，并通过部门授权审定批准，可以使用无公害食品标志的食品。

2.绿色食品

绿色食品是遵循可持续发展原则，按特定生产方式生产，经专门机构认定，许可使用绿色食品标志的无污染的安全、优质、营养类食品。质量标准较高，分为 A 级和 AA 级两个等级。

（1）A 级绿色食品指在生态环境质量符合规定标准的产地、生产过程中允许限量使用限定的化学合成物质，按特定的操作规程生产、加工，产品质量及包装经检测、检验符合特定标准，并经专门机构认定，许可使用 A 级绿色食品标志的产品。

(2) AA 级绿色食品是指在环境质量符合规定标准的产地，生产过程中不使用任何有害化学合成物质，按特定的操作规程生产、加工，产品质量及包装经检测、检验符合特定标准，并经专门机构认定，许可使用 AA 级绿色食品标志的产品。

3. 有机食品

根据有机农业和有机农产品生产、加工标准生产出来的，经过有机农产品颁证组织颁发证书的一切农产品。有机农业是一种完全不用或基本不用人工合成的化肥、农药、植物生长调节剂和饲料添加剂的生产体系。有机食品的质量标准最高。

知识拓展

不同等级食品添加人工合成物质的标准如图 5-1 所示。

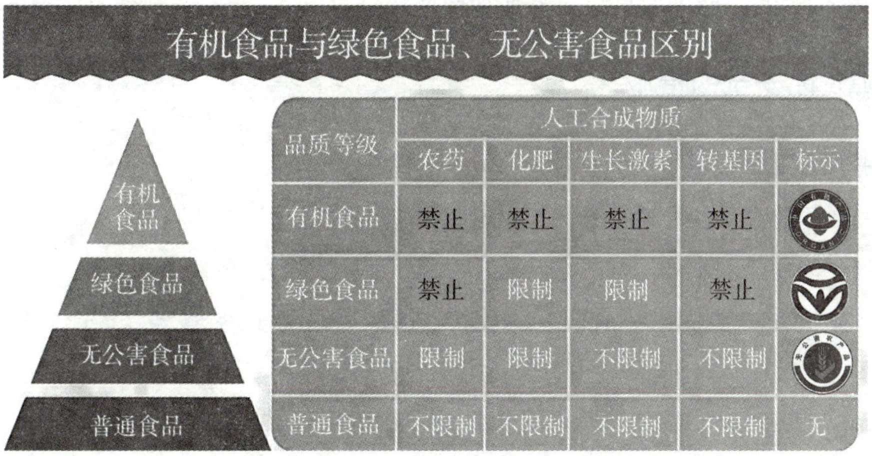

品质等级	人工合成物质				
	农药	化肥	生长激素	转基因	标示
有机食品	禁止	禁止	禁止	禁止	
绿色食品	禁止	限制	限制	禁止	
无公害食品	限制	限制	不限制	不限制	
普通食品	不限制	不限制	不限制	不限制	无

图 5-1　不同等级食品添加人工合成物质的标准

(三) 了解有关食品安全的有关标识

1. 生产许可证标志

生产许可证标志是食品市场准入标志，其式样和使用办法由国家市场监督管理局统一制定。该标志由“QS”和“生产许可”中文字样组成(见图 5-2)。其中，QS 是“企业食品生产许可”汉语拼音“Qiyeshipin Shengchanxuke”的缩写。具体来说，所有的食品生产企业必须经过强制性的检验合格，且在最小销售单元的食品包装上标注食品生产许可证编号，并加印食品质量安全市场准入标志(“QS”标志) 后才能出厂销售。没有食品质量安全市场准入标志的产品，不得出厂销售。标志主色调为蓝色，字母与中文字样为蓝色，字母“S”为白色，使用时可根据需要按比例放大或缩小，但不得变形、变色。加贴(印)有“QS”标志的食品，即意味着该食品符合了质量安全的基本要求。

图 5-2　生产许可证标志

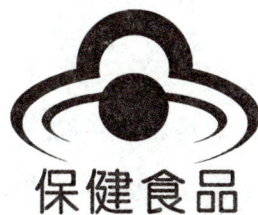

2. 保健食品标志

正规的保健食品会在产品的外包装上标出蓝色的，形如“蓝帽子”的保健食品专用标志，如图 5-3 所示，下方会标注出该保健食品的批准文号，或者是“国食健字〔年号〕×××号”，或者是“卫食健字〔年号〕××××号”。其中“国”“卫”表示由国家食品药品监督管理部门或卫生健康委员会批准。

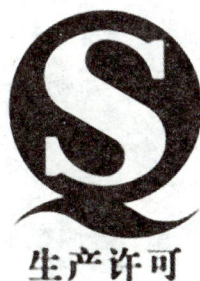

图 5-3　保健食品标志

3.绿色食品标志

绿色食品标志是由绿色食品发展中心在国家市场监督管理总局商标局正式注册的质量证明标志。它由三部分构成,即上方的太阳、下方的树叶和中心的蓓蕾,象征自然生态;颜色为绿色,象征着生命、农业、环保;图形为正圆形,意为保护,如图5-4所示。整个图形描绘了一幅明媚阳光照耀下的和谐生机,告诉人们绿色食品是出自纯净、良好生态环境的安全、无污染食品,能给人们带来蓬勃的生命力。

图 5-4　绿色食品标志

绿色食品标志还提醒人们要保护环境和防止污染,通过改善人与环境的关系,创造自然界新的和谐。它注册在以食品为主的共九大类食品上,并扩展到肥料等与绿色食品相关的产品上。绿色食品标志作为一种产品质量证明商标,其商标专用权受《中华人民共和国商标法》保护。标志的使用,代表食品已通过专门机构认证,许可企业依法使用。

二、学校保障食品安全的措施

(一)规范学生食堂卫生管理

学生食堂是学生用餐的最主要场所,因此,规范食堂卫生管理显得尤为重要。

(1)结合学生食堂情况,制定切实可行的岗位卫生责任制度、检查考核制度和奖惩制度等。

(2)根据食堂管理经营模式,突出抓好对已承包、承租食堂的管理,明确双方责任,突出校方的食品卫生管理权。

(3)明确限定承包、承租方主要食品原料的购买、运输、储存卫生和从业人员的基本素质要求等,以达到控制饮食安全关键环节的目的。

(4)抓好易引发食物中毒的关键卫生环节。例如,原料应卫生、新鲜;所用工具、容器等定位存放,清洗消毒;凉、卤菜应自制,不外购;隔夜熟食品必须充分加热,不得使用变质的剩饭剩菜;公用餐具使用前必须清洗消毒,并有保洁措施。

(二)综合整治校园周边餐饮

卫生监督机构应加大对校园周边地区食品摊、店的巡回监督检查,重点关注食品原料采购、餐具消毒、加工场所卫生及从业人员健康检查等环节,配合公安、工商和城市管理等部门对流动摊点进行不定期执法检查,坚决取缔无证经营。当地街道、城市管理、食品药品监督管理部门统一规划校园周边地区食品摊点,并配备专职管理人员。要明确与店(摊)方的职责、义务,主动配合卫生监督机构做好食品卫生管理工作。

(三)强化学生食品安全意识

学生应主动向网络平台和食品药品监督管理部门的追责平台举报食品安全问题,提供食品质量信息、商家信息等重要线索,便于平台强化管理,也便于监管部门发现问题,及时指导整改。

(四)培养学生良好的饮食卫生习惯

学校应充分利用各种传播渠道对学生进行食品卫生知识宣传,使学生认识到,一些食物中毒的发生,并不都是由食物变质引起的,不卫生的饮食习惯也可成为食物中毒的隐患,从而养成良好的饮食卫生习惯。

三、食物中毒的预防与处理

1.食物中毒的预防

(1)养成良好的卫生习惯。饭前便后要洗手。不良的个人卫生习惯可能会把致病菌从人体带到食物上去。例如,手上沾有致病菌,再去拿食物,污染了的食物就会进入消化道,进而引发细菌性食物中毒。

(2)选择新鲜和安全的食品。购买食品时,要注意查看其感官性状是否腐败变质,尤其是对小食品,要查看其生产日期、保质期,是否有厂名、厂址等信息。不能买过期食品和没有厂名、厂址的产品,否则一旦出现质量问题无法追究责任。

(3)食品在食用前要彻底清洁。生吃的蔬菜瓜果要清洗干净;需加热的食物要加热彻底。

(4)尽量不吃剩饭剩菜,如需食用,应加热彻底。剩饭剩菜等都是细菌生长的温床,不加热彻底会引起细菌性食物中毒。

(5)不吃霉变的谷物、甘蔗,其中的霉菌毒素可能会引起中毒。

(6)警惕误食有毒有害物质。装有消毒剂、杀虫剂或灭鼠药的容器用后一定要妥善处理,防止误用而引起中毒。

(7)不到没有卫生许可证的小摊贩处购买食物。

(8)饮用符合卫生要求的饮用水。不喝生水或不洁净的水。

(9)加强体育锻炼,增强机体免疫力,抵御细菌的侵袭。

只要从以上九个方面入手,认真学习食品卫生知识,掌握一些预防方法,提高自我卫生意识,就能最大限度地降低食物中毒的风险,从而预防食物中毒,保证身体健康。

🔷 知识拓展

容易引起食物中毒的食物

(1)容易被细菌污染的食物:肉、鱼、蛋、乳等及其制品,如烧、卤肉类,凉菜,剩余饭菜等。

(2)被有毒、有害化学物质污染的食物:被农药污染的蔬菜、水果;受有毒藻类污染的海产贝类等。

(3)本身含有天然有毒成分的食品:河豚、毒蘑菇等。

(4)在某特定环境下能产生有毒物质的食品:马铃薯、甘蔗、豆浆、四季豆、杏仁、木薯、鲜黄花菜等。

2.食物中毒的处理

一旦有人出现上吐下泻、腹痛等食物中毒症状,千万不要惊慌失措,应冷静地分析发病的原因,针对引起中毒的食物以及吃下去的时间长短,及时采取如下应急措施。

(1)催吐。对中毒不久而无明显呕吐者,可先用手指、筷子等刺激舌根部催吐,或大量饮用温开水并反复自行催吐,以减少毒素的吸收。如经大量温水催吐后,呕吐物已为澄清液体时,可适量饮用牛奶以保护胃黏膜。如在呕吐物中发现血性液体,应想到可能出现胃、食道或咽部出血,此时应停止催吐。

(2)导泻。如果病人吃下去中毒的食物时间超过两小时,且精神尚好,则可服用泻药,促使中毒食物尽快排出体外。

经上述急救,病人的症状未见好转,或中毒较重者,应尽快送医院治疗。另外,确定中毒物质对治疗来说非常重要,所以要保存导致中毒的食物,提供给医院检疫。如果身边没有食物样本,也可保留患者的呕吐物和排泄物,方便医生尽快确诊并及时救治。如果发生集体食物中毒事件,应该立即向学校主管领导反映情况,并上报当地防疫部门,及时联系当地医院,准备联合急救。

学以致用

1. 当发现学校周边有售卖三无产品的流动摊位时该怎么办？
2. 生活中怎样避免食物中毒？

第二节　常见传染病与防范

案例导入

中学生感染诺如病毒集体暴发腹泻

2023 年 11 月，山东省某市某中学发生一起集体疑似食物中毒事件，11 月 11 日起，该校 74 名学生相继出现恶心、呕吐、腹泻等症状，引发社会广泛关注。经过该市疾控中心的采样检测，结果显示为诺如病毒感染所致的诺如病毒胃肠炎。

诺如病毒胃肠炎是由诺如病毒引起的急性肠道传染病，一旦感染诺如病毒，成年人主要表现为腹泻，而儿童则以呕吐为主。据了解，在疫情防控方面，学校已经在疾控机构的指导下对校园公共设施进行清洁消毒，并开展师生健康教育。这些举措有助于消除病毒传播风险，保障师生健康安全。

（资料来源：74 名学生出现恶心呕吐等症状，山东安丘通报：诺如病毒感染［EB/OL］.（2023-11-13）［2024-06-20］.https://www.thepaper.cn/newsDetail_forward_25283719.）

案例思考

1. 在日常生活中，个人应该如何预防传染病？
2. 如果发生传染病，应该怎样应对？

一、传染病的基础知识

1.传染病的定义

传染病是由各种病原体引起的，能在人与人、动物与动物或人与动物之间相互传播的一类疾病。

2.传染病的基本特征

传染病的基本特征包括：具有特异的病原体；具有传染性；具有流行性；具有季节性；具有地方性；具有感染后的免疫性。

3.传染病的传播过程

传染病能够在人群中流行，必须同时具备传染源、传播途径和易感人群这三个基本环节，缺少其中任何一个环节，传染病都无法流行。

（1）传染源是指能够散播病原体的人或动物,病原体在传染源的呼吸道、消化道、血液或其他组织中生存、繁殖,并且能够通过传染源的排泄物、分泌物或生物媒介(如蚊、蝇、虱等)直接或间接地传播给健康人。

（2）传播途径是指病原体离开传染源到达健康人所经过的途径。病原体传播的主要途径有:空气传播、水传播、饮食传播、接触传播、生物媒介传播等。

（3）易感人群是指对某种传染病缺乏免疫力而容易感染的人群。儿童和老年人最易感染传染病。

4.传染病的预防措施

传染病流行的时候,切断三个基本环节中的任何一个环节,传染病的流行即可终止。因此,根据传染病流行的三个基本环节,预防传染病的一般措施可以分为以下三个方面。

（1）控制传染源。不少传染病在开始发病以前就已经具有了传染性,在发病初期表现出传染病症状的时候,传染性最强,因此对传染病人要尽可能做到早发现、早诊断、早报告、早治疗、早隔离,防止传染病蔓延。患传染病的动物也是传染源,也要及时处理,这是预防传染病的一项重要措施。

（2）切断传播途径。切断传播途径的方法,主要是讲究个人卫生和环境卫生。消灭传播疾病的媒介生物,进行一些有必要的消毒工作,可以使病原体失去感染健康人的机会。

（3）保护易感人群。在传染病流行期间应该注意保护易感人群,不要让易感人群和传染源接触,并且进行预防接种,提高易感人群的抵抗力。对易感者本人来说,应该积极参加体育活动,锻炼身体,增强抵抗力,搞好环境和个人卫生。

5.传染病的种类

根据《中华人民共和国传染病防治法》第三条规定,传染病分为甲类、乙类和丙类。

（1）甲类传染病:鼠疫、霍乱。

（2）乙类传染病:传染性非典型肺炎、艾滋病、病毒性肝炎、脊髓灰质炎、人感染高致病性禽流感、麻疹、流行性出血热、狂犬病、流行性乙型脑炎、登革热、炭疽、细菌性和阿米巴性痢疾、肺结核、伤寒和副伤寒、流行性脑脊髓膜炎、百日咳、白喉、新生儿破伤风、猩红热、布鲁氏菌病、淋病、梅毒、钩端螺旋体病、血吸虫病、疟疾。

（3）丙类传染病:流行性感冒、流行性腮腺炎、风疹、急性出血性结膜炎、麻风病、流行性和地方性斑疹伤寒、黑热病、包虫病、丝虫病、除霍乱、细菌性和阿米巴痢疾、伤寒和副伤寒以外的感染性腹泻病。

国务院卫生行政部门根据传染病暴发、流行情况和危害程度,可以决定增加、减少或者调整乙类、丙类传染病病种并予公布。

二、传染病的管理措施

1.患者的管理措施

对传染病患者应做到早发现、早报告、早隔离和早治疗。其中,隔离患者是控制传染病传播的重要措施。它是将处于传染期内的患者安置于一定的场所,使其不与健康人或其他患者接触。隔离期限应根据该种传染病的传染期来确定。一般在患者临床症状消失后,经2~3次(每次间隔3天)病原学检查为阴性时,即可停止隔离。

2.对接触者的管理措施

对与传染源有过接触并有受感染可能者,应根据《中华人民共和国传染病防治法》的要求,采取医学观察和留验等措施。

（1）医学观察。医学观察即对传染病接触者定期进行访视、问诊和测量体温,接触者可照常参加工作和日常活动。医学观察适用于乙类和丙类传染病的接触者。

（2）留验。留验也称隔离观察，是将与甲类传染病患者的接触者隔离于专门场所，限制其活动。

三、校园常见传染病及其预防措施

学校人群高度密集，传染病易感易传，必须高度重视。据统计，学校中常见传染病主要有流行性感冒、结核、菌痢及肝炎等，最容易在校内引起聚集性疫情。认识了解这些传染病，可以使大家做到"早发现、早报告、早隔离和早治疗"，防止传染病传播蔓延，影响学校教育教学秩序，引起社会恐慌，甚至构成公共卫生事件。

1.流行性感冒

（1）定义。

流行性感冒（简称"流感"）是由流感病毒引起的急性呼吸道感染，是人类至今尚不能有效控制的世界性传染病，也是我国重点防治的传染病之一。它传染性极强，传播速度快，容易发生大面积流行，甚至是世界性大流行。

（2）症状。

①主要症状。发病较突然，主要有高热、畏寒、头痛、乏力、鼻塞、流鼻水、咳嗽、喉咙痛等症状。

②并发症。流感常见的并发症有肺炎、中毒性休克、脑炎、急性坏死性脑病等，严重者可导致死亡。

（3）流行特点。

①传染源。流感病人和隐性感染者。病人的传染期是自出现症状前1天至发病后7天，或至症状消失后24小时，发病3天内传染性最强。有些人感染病毒后不发病，但也可将病毒传给他人。

②传播途径。流感主要通过感染者咳嗽或打喷嚏而喷出的飞沫传播，也可通过接触流感病毒污染的物体，然后触摸自己的鼻子、嘴或眼睛而感染。

③易感人群。普遍易感，易在学校、养老院等集体单位暴发。

④潜伏期。流感的潜伏期一般在2~3天，潜伏期通常没有任何症状。

（4）治疗。

目前流感大多还没有特效药。对于未发生并发症的流感患者来说，应多喝水、多休息、不熬夜。

（5）预防措施。

①保持良好的个人及环境卫生。

②勤洗手，使用肥皂或洗手液并用流动水洗手，用干净的毛巾擦手。双手接触呼吸道分泌物（如打喷嚏而喷出的飞沫）后应立即洗手。

③打喷嚏或咳嗽时应用纸巾或屈肘掩住口鼻，避免飞沫污染他人。流感患者在家或外出时应佩戴口罩，以免传染他人。

④均衡饮食、适量运动、充足休息，避免过度疲劳。

⑤每天开窗通风数次（冬天要避免穿堂风），保持室内空气新鲜。

⑥在流感高发期，尽量不到人多拥挤、空气污浊的场所；不得已必须去，最好戴口罩。

⑦流感疫苗接种是世界公认的预防流感的有效方法。流感疫苗的免疫接种越来越受到各国的高度重视。实践证明，免疫预防是减少流感危害的一种重要措施和手段，高危人群、易感人群接种流感疫苗是预防流感的有效方法。

2.结核病

（1）定义。

结核病是由结核分枝杆菌引起的慢性传染病，可侵及许多脏器，以肺部结核感染最为常见。排菌者为其重要的传染源。人体感染结核菌后不一定发病，当免疫力降低或细胞介导的变态反应增强时，才可能引起临床发病。若能及时诊断，并予以合理治疗，大多可获临床痊愈。

（2）症状。

结核病起病可急可缓，常见症状为低热、盗汗、乏力、食欲不振、消瘦等；呼吸道症状有咳嗽、咳痰、咯血、胸痛，还可能出现不同程度的胸闷或呼吸困难。

（3）流行特点。

①传染源。结核病属于慢性传染病，长期排菌的开放性肺结核患者是主要的传染源。开放性肺结核患者大多与正常人生活在一起，极易传染，会造成结核病在人群中的流行，并且难以控制。

②传播途径。主要通过呼吸道传染。如果患者咳嗽排出的结核菌干燥后附着在尘土上，形成带菌尘埃，亦可侵入人体造成感染。

③易感人群。结核病的易感人群主要包括免疫力低下的人群，与结核病患者密切接触者，以及未接种过卡介苗或卡介苗接种不成功的人群等。

④潜伏期。一般为4~8周，部分人群可能在2~3个月或若干年后发病，也有人终身不发病。

（4）治疗。

①药物治疗。药物治疗的主要作用在于缩短传染期、降低感染率、患病率及死亡率；对结核病患者要坚持早期、联用、适量、规律和全程使用敏感药物的原则。

②手术治疗。外科手术已较少应用于肺结核治疗，只有药物治疗无效时才考虑手术。

（5）预防措施。

预防结核病可采取以下措施。

①控制传染源。积极发现和治疗传染性结核病患者，是预防结核病的最重要环节。

②切断传播途径。做好隔离措施，对结核病患者的呼吸道分泌物要进行消毒处理，以减少传染机会。

③保护易感人群。新生儿出生后应及时接种卡介苗；免疫力低下的人群更容易感染结核病，要定期开展重点人群的结核病筛查；平时注意锻炼身体、保持营养均衡、避免过度劳累等，提高自身免疫力。

④避免与患者密切接触。尽量避免与结核患者密切接触；加强肺结核防治知识的宣传和教育，提高公众对结核病的防范意识。

⑤早期发现和治疗。如果出现咳嗽、咳痰等症状，应及时就医，进行检查并治疗。

3.菌痢

（1）定义。

细菌性痢疾简称菌痢，亦称为志贺菌病，是志贺菌属（痢疾杆菌）引起的肠道传染病。志贺菌经消化道感染人体后，引起结肠黏膜的炎症和溃疡，并释放毒素入血。菌痢常年易发，夏秋多见，是我国的常见病、多发病，分为急性菌痢、中毒性菌痢和慢性菌痢。本病经过有效的抗菌药治疗即可治愈。

（2）症状。

临床表现主要有腹痛、腹泻、发热、里急后重、黏液脓血便，同时伴有全身毒血症症状，严重者可引发感染性休克和（或）中毒性脑病。

（3）流行特点。

①传染源。传染源包括患者和带菌者。以轻症非典型菌痢患者与慢性隐匿型菌痢患者为重要传染源。

②传播途径。因接触被痢疾杆菌污染的食品、水源或生活用品而受染,或食用被携带痢疾杆菌的苍蝇、蟑螂污染的食物而受染。

③易感人群。人群对痢疾杆菌普遍易感。学龄前儿童患病多与其不良卫生习惯有关;而成人患病则与成人患者机体抵抗力降低、接触感染机会多有关,加之患同型菌痢后无巩固免疫力,不同菌群间及不同血清型痢疾杆菌之间无交叉免疫,故造成重复感染或再感染而反复多次发病。

④潜伏期。潜伏期一般为 1~3 天,但也存在个体差异。

(4)治疗。

①急性菌痢的治疗。

◉一般治疗。卧床休息,给予流质或半流质饮食,忌食生冷、油腻和刺激性食物。

◉抗菌治疗。根据药敏结果选择敏感抗生素。

◉对症治疗。保持水、电解质的酸碱平衡,有失水者,无论有无脱水表现,均应口服补液,严重脱水或有呕吐不能由口摄入时,采取静脉输液。痉挛性腹痛时进行腹部热敷。发热者以物理降温为主,高热时可给予退热药。

②中毒性菌痢的治疗。本型来势凶猛,应及时针对不同病情采取综合性措施抢救。

③慢性菌痢的治疗。

◉寻找诱因,对症治疗。避免过度劳累,勿使腹部受凉,勿食生冷饮食。

◉病原治疗。通常需联用两种不同类型的抗菌药物,采用足剂量、长疗程的方法对症治疗。

(5)预防措施。

①管理传染源。及时发现患者和带菌者,并进行有效隔离和彻底治疗,直至大便培养阴性。重点监测从事饮食业、保育及水厂工作的人员,感染者应立即隔离并给予彻底治疗。慢性患者和带菌者不得从事上述行业的工作。

②切断传播途径。饭前便后及时洗手,养成良好的卫生习惯,尤其应注意饮食和饮水的卫生情况。

③保护易感人群。口服活菌苗可使人体获得免疫性,免疫期可维持 6~12 个月。

第三节　艾滋病的防范

案例导入

感染艾滋病

　　小杰是一名刚满 19 岁的大一学生,在某天晚上闲来无事,打开社交软件与刚"认识"不久的网友聊天。出于好奇和寻求刺激的心理,小杰同意跟网友见面。网友比小杰大四岁,打扮很酷,讲话很成熟,让小杰产生了莫名的崇拜之情。就这样,小杰和网友走进酒店,发生了高危行为。之后半个月,他的身体出现异样症状,先是持续低烧,然后拉肚子,浑身没劲,去医院检查后,小杰被确诊为艾滋病。

案例思考

1.通过小杰的经历,你有何感想?

2.艾滋病一般是通过什么方式进行传播的?

一、艾滋病与艾滋病病毒

艾滋病的全称是获得性免疫缺陷综合征(Acquired Immune Deficiency Syndrome,AIDS),是由感染人类免疫缺陷病毒(Human Immunodeficiency Virus,HIV)引起的一种破坏性和危害性极大的传染病。

HIV以人体的白细胞为攻击目标,主要削弱人类的免疫系统,使感染者逐渐丧失抵御疾病的能力,最终导致感染、恶性肿瘤,甚至死亡。目前还没有有效的疫苗和治愈的药物,但已有较好的治疗方法,能有效地延长病人的生命,提高其生活质量。

二、艾滋病的症状

1.一般症状

持续发烧、虚弱、盗汗,持续广泛性全身淋巴结肿大,特别是颈部、腋窝和腹股沟淋巴结肿大更明显。淋巴结直径在1厘米以上,质地坚实,可活动,无疼痛。在3个月之内体重下降可达10%以上,最多可下降40%,病人消瘦特别明显。

2.呼吸道症状

长期咳嗽、胸痛、呼吸困难,严重时痰中带血。

3.消化道症状

食欲下降、厌食、恶心、呕吐、腹泻,严重时可便血。通常用于治疗消化道感染的药物对这种腹泻无效。

4.神经系统症状

头晕、头痛、反应迟钝、智力减退、精神异常、抽搐、偏瘫、痴呆等。

5.皮肤和黏膜损害

单纯疱疹、带状疱疹、口腔和咽部黏膜有炎症及溃烂。

6.肿瘤

易患卡波西肉瘤、淋巴瘤、宫颈侵袭性肿瘤等。

三、艾滋病的危害

HIV直接侵犯人体的免疫系统,破坏人体的细胞免疫和体液免疫。它主要存在于感染者和病人的体液及多种器官中,可通过含HIV的体液交换或器官移植而传播。

1.侵蚀细胞

现已证实HIV是嗜T4淋巴细胞和嗜神经细胞的病毒。HIV由皮肤破口或黏膜进入人体血液,主要攻击和破坏靶细胞T4淋巴细胞(T4淋巴细胞在细胞免疫系统中起着中心调节作用,它能促进B细胞产生抗体),使得T4淋巴细胞失去原有的正常免疫功能,从而导致病人的免疫功能衰竭,为条件性感染创造了极为有利的条件。

HIV能侵犯神经系统,引起脑组织的破坏,或者因继发条件性感染而致各种中枢神经系统发生病变。

2.助发癌变

HIV带有的致癌基因可使细胞发生癌性转化,特别是在细胞免疫遭到破坏,丧失免疫监视作用的情况下,细胞癌变更易发生。

3.夺取生命

艾滋病是一种可致死的疾病。感染艾滋病病毒后,其潜伏期时间平均为8~9年,在潜伏期内,感染者可以没有任何症状地生活和工作多年,随后感染进入发病期,其间如果感染者不进行任何治疗或干预措施,任由病变自然进程发展,感染者最终会因各种各样的并发症而死亡。

四、艾滋病的传播途径

艾滋病的传染途径主要有性传播、血液传播和母婴传播,其中性传播和血液传播是艾滋病的主要传播途径。艾滋病的传播途径不包括一般的接触,如共同进餐、握手等都不会传染艾滋病,所以艾滋病患者在生活当中不应受到歧视。

1.性传播

性传播,包括同性及异性之间的性接触。

2.血液传播

(1)输入污染了HIV的血液或血液制品。

(2)静脉药瘾者共用受HIV污染的、未消毒的针头及注射器。

(3)注射器和针头消毒不彻底或不消毒,注射时未做到一人一针一管。

(4)口腔科器械、接生器械、外科手术器械、针刺治疗用针消毒不严密或不消毒。

(5)理发、美容(如文眉、穿耳)、文身等的刀具、针具不消毒。

(6)和他人共用刮脸刀、剃须刀、牙刷。

(7)移植HIV感染者或艾滋病病人的组织器官。

(8)皮肤破损处接触HIV感染者或艾滋病病人的血液。

3.母婴传播

母婴传播也称围生期传播,即感染了HIV的母亲在产前通过胎盘、分娩过程中通过产道及产后通过哺乳将HIV传染给胎儿或婴儿。

五、艾滋病的预防

目前还没有治愈艾滋病的药物和方法,但艾滋病是可以预防的。避免艾滋病的最好的办法是改变个人不良行为,养成健康的生活方式,进而有效地预防艾滋病,避免受到感染。例如拒绝高危行为、克服不正确的观念、提高对艾滋病的警惕性、学习保护自己的技能等。

1.了解艾滋病的一般常识

(1)艾滋病病毒是一种非常脆弱的病毒,离开人体后会很快死亡。

(2)唾液、泪液、汗液、尿液中的病毒含量极低,不足以引起传播。

(3)与艾滋病病毒感染者和病人一起生活或者一般接触不会感染艾滋病。例如握手、拥抱、礼节性接吻;一起进餐、乘车、学习、郊游、玩耍;共用学习用具、餐饮具、卫生间、游泳池、卧具、生活用品。艾滋病病毒不会通过飞沫传播,咳嗽或打喷嚏都不会传播艾滋病。

(4)蚊虫叮咬不会传播艾滋病。艾滋病病毒在蚊子体内既不会发育也不会复制,蚊子嘴上残留的血液量微乎其微,远不足以引起传染。世界范围内尚未发现通过蚊子或昆虫叮咬感染艾滋病的报道。

2.避免艾滋病病毒经性接触感染

艾滋病病毒经性接触感染的危险是可以降低和避免的。

3.拒绝毒品,预防经注射吸毒感染艾滋病

吸毒是一种违法行为。毒品使人丧失理智、成瘾,是极易感染艾滋病的高危行为。共用注射器吸毒的人很容易感染艾滋病病毒,因此要拒绝注射吸毒。

4.避免不安全注射或输血

(1)要到正规医院就医,不轻信街头广告,不去无行医执照的个体诊所打针、输液、补牙等。

(2)就医时,应当选择使用一次性针具以及经过严格消毒的医疗器械。不到非正规的美容、整形机构做文眉、文身、穿耳、矫正畸形等刺破皮肤的手术。

(3)使用检测合格的血液和血液制品。

(4)要到国家指定的正规血站献血。无偿献血既有利于保证临床用血安全,又不会对献血者的健康产生影响。

5.进行艾滋病咨询和检测

进行艾滋病咨询和检测,可以及时了解自己是否感染了艾滋病病毒。国家实施免费和保密的艾滋病自愿咨询和抗体检测服务,为经济困难的艾滋病病人提供免费抗病毒治疗药物。

及早进行艾滋病抗体检测有利于发现艾滋病病毒感染状况,有利于及时治疗、延缓发病进程;有利于采取预防措施,减少传播。一旦发生易感染艾滋病的危险行为,或怀疑自己可能感染了艾滋病病毒,一定要到当地疾病预防控制中心进行咨询和检测。

总之,学生应主动学习预防艾滋病的知识,全面了解相关信息,掌握自我保护技能,培养健康的生活方式。学生应将所掌握的知识、方法和技能与家人和朋友分享,做艾滋病防治知识的传播者,为预防控制艾滋病做出自己的贡献。

学以致用

1.艾滋病的症状有哪些?

2.艾滋病的危害有哪些?

3.艾滋病的传播途径有哪些?

4.艾滋病的预防措施有哪些?

项 目 实 训

近年来,食品安全问题的关注度正在日益增长,虽然我国食品安全水平有了明显提高,但仍存在添加剂的误用、滥用等现象。为增强学生的食品安全意识,班级组织开展"食品安全的主题汇报"。

实训要求:3~6 人一组,选出代表进行食品安全的主题汇报,发言时间控制在 10 分钟以内。实训工单见表 5-1,实训评价表见表 5-2。

表 5-1　实训工单

汇报形式	
内容提纲	
案例分析	
内容重点	
汇报内容创意点	
活动实施步骤	
汇报内容总结	

表 5-2 实训评价表

专业		班级		组别	
姓名		学号		成绩	
实训中遇到的问题					
解决方法					
思考总结					

教师审阅意见：

签名：

年　月　日

项目六　心理健康安全教育

项目导语

　　心理健康教育是提高学生心理素质、促进其身心健康和谐发展的教育，是高校人才培养体系的重要组成部分，是学校思想政治工作的重要内容。中共中央、国务院印发的《关于新时代加强和改进思想政治工作的意见》指出："健全社会心理服务体系和疏导机制、危机干预机制，建立社会思想动态调查与分析研判机制，培育自尊自信、理性平和、亲善友爱的社会心态。"加强学生心理健康教育是新时代学校全面贯彻落实党的教育方针的重要举措，是促进学生全面来诉协调发展的重要途径和手段，也是学校职责的重要内容。

学习目标

1.能够正确认识和审视自己，树立正确的人际交往观，养成健康的心理和积极向上的生活态度。

2.掌握一些常见心理危机的防范措施。

第一节　心理健康安全的基础知识

案例导入

学习的烦恼

　　17岁的李同学就读某重点中学，曾经在初中一直是"学霸"，几乎每次考试都是年级前三名。李同学凭着优异的成绩考入重点高中后，虽然学习也很努力，但是每次考试都不能像初中时期那样名列前茅。渐渐地，他觉得学习压力越来越大，总是感觉头疼和莫名的烦躁，记忆力下降，上课注意力不集中。一个月前的一场考试，他的成绩一落千丈，之后彻底厌倦了学习。

案例思考

1.是什么导致李同学的成绩一落千丈?

2.当身边的人出现心理问题时应当怎样进行疏导?

一、心理健康的具体内涵

什么是心理健康?1989年世界卫生组织做出阐释:"所谓心理健康,是指个体能够正确认识自己,及时调适自己的心态,使心理处于良好状态以适应外界的变化。"2001年,世界卫生组织重新对心理健康概念进行了界定,认为"心理健康是一种健康或幸福的状态,在这种状态下个体可以实现自我,能够应对日常的生活压力,工作富有成效和成果,以及有能力对所在社区做出贡献"。此外,许多学者都提出了各自对心理健康的定义,包括心理活动或心理机能系统健全、没有缺损,协调统一、较少矛盾冲突,高效运转,能胜任个体在现实环境中良好生存和发展成长所需,能够在本身及环境条件许可范围内达到最佳功能状态等。

综合而言,心理健康就是指个体心理的各个方面及活动过程处于一种良好或正常的状态。心理健康的个体能够适应变化的环境,具有完善的个性特征,其认知、情绪情感、意志行为处于积极状态,并能保持良好的调控能力。在生活实践中,心理健康的个体能够正确认识自我,自觉控制自己,正确对待外界影响,使心理保持平衡协调。总的来说,心理健康与个体的适应能力、耐受能力、调控能力、社交能力和康复能力等多个方面紧密相关,这些方面的欠缺或弱化会导致心理健康问题或心理异常。

二、学生心理健康的标准

(一)了解自我,悦纳自我

一个心理健康的人能体验到自己的存在价值,既能了解自己,又能接受自己,即对自己的能力、性格和优缺点都能做出恰当的、客观的评价;对自己不会提出过分苛刻的、非分的期望与要求;对自己的生活目标和理想也能定得切合实际,因而对自己总是保持比较满意的状态。同时,他们也会努力发展自身的潜能,即使发现或认识到自己存在无法弥补的缺陷,也能努力做到坦然面对和接受。

(二)接受他人,悦纳他人

心理健康的人乐于与人交往,不仅能接受自我,也能悦纳他人,能认可别人存在的重要性和作用;同时也能为他人所理解,为他人和集体所接受,人际关系协调和谐。在与人相处时,他们积极的态度(如友善、信任、尊重等)总是多于消极的态度(如猜疑、忌妒、敌视等)。因而在社会生活中有较强的适应能力和较充足的安全感。

(三)正视现实,接受现实

心理健康的人能够正视现实,接受现实;能够对周围事物和环境做出客观的认识和评价,并能与现实环境保持良好的接触;既有高于现实的理想,又不会沉湎于不切实际的幻想与奢望。同时,他们极具自信,能妥善处理生活、学习、工作中的各种困难和挑战。

(四)热爱生活,乐于工作

心理健康的人能珍惜和热爱生活,享受人生的乐趣。他们还在工作中尽可能地发挥自己的个性和聪明才智,并从工作的成果中获得满足和激励,把工作看作是乐趣而不是负担。同时也能把工作中积累的各种有用的信息、知识和技能存储起来,便于随时提取使用,以解决可能遇到的新问题,克服各种各样的困难,使自己的行为更有效率,工作更有成效。心理不健康的人常常感觉生活毫无意义,在工作中容易出现职业倦怠、心理疲劳等。

(五)情绪协调,心境良好

心理健康的人,其愉快、乐观、开朗、满意等积极情绪总是占主导的,虽然也会有悲、忧、愁、怒等消极情绪,但一般不会长久;能适度地表达和控制自己的情绪,喜不狂、忧不绝、胜不骄、败不馁、谦而不卑、自尊自重,在社会交往中既不狂妄自大,也不退缩畏惧;对于无法得到的东西不过于贪求,争取在社会允许范围内满足自己的各种需要,对于自己所拥有的事物感到满意,心情总是开朗的、乐观的。心理不健康的人常常控制不住自己的情绪,容易被激怒,莫名其妙地发脾气,一点小事就能引起情绪波动。

(六)人格完整,内心和谐

心理健康的人,其人格(气质、能力、性格、理想、信念、动机、兴趣、人生观等)能均衡发展,人格作为人的整体精神面貌能够完整、协调、和谐地表现出来;思考问题的方式是适度和合理的,待人接物能采取恰当灵活的态度,对外界刺激不会有偏激的情绪和行为反应;能够与社会的步调合拍,也能和集体融为一体。

(七)智力正常,善于学习

智力正常是人进行学习、工作、生活的基本心理条件,同时也是心理健康的重要标准。智力是人的观察力、记忆力、想象力、思考力和操作能力的综合,是从事学习、工作的重要前提。一般而言,学生智力往往较高,但可能会存在智力效能是否能够有效发挥的问题,这往往涉及的是非智力方面的因素。例如:是否有强烈的求知欲和浓厚的探究欲;是否具有良好的学习习惯、学习方法和学习目标;是否能够适应时代要求,快速加工、处理、整合信息,并能利用所学知识进行创新创造等。

(八)心理行为契合年龄

人的行为习惯是与他的年龄、地位、社会角色相适应的,是与社会环境相协调的。如果一个人的心理行为经常呈负性,严重偏离自己的年龄和社会角色要求,大都是心理不健康的表现。例如,有些学生总是以悲观的角度对待生活、学习上的事情。学生处于人生的发展时期,精力最充沛,思维最敏捷,情感最丰富,与之相适应,学生在行为上应该表现为朝气蓬勃、热情洋溢、反应灵敏、勇于探索、勤学好问。

三、学生心理安全教育的意义

(一)有利于学生身体健康

人的心理健康和身体健康是相互依存、密不可分的。身体健康是心理健康的基础,心理健康又能促进身体健康。现代医学研究证明,心理问题可能导致某些身体疾病。例如,人在愤怒时,血压会升高,长此以往有可能引发血压调节机制失常而形成功能性的高血压症;情绪过度紧张可能引发胃及十二指肠溃疡、心肌梗死、脑溢血等;还有失眠、头痛、焦虑等症状,都可以找到心理方面的原因。因此,对学生进行心理健康教育,可以促进其身体素质的发展,增强其抵抗疾病的能力,有利于身体健康。

(二)有利于增强学生环境适应能力

物竞天择,适者生存,适应对于个体的生存和发展而言具有重要的意义。适应能力强的学生,能够充分利用环境中的有利条件,改变不利条件,在生存竞争中不断发展自己,实现人生价值;而适应能力弱的学生,与环境不相容,可能会使自己发展受限。适应能力的强弱在很大程度上取决于心理是否健康。因此,对学生开展心理健康教育可以提高其心理健康水平,从而增强对环境的适应能力。

(三)有利于提高学生心理素质、预防精神疾病

心理素质是主体在心理方面比较稳定的内在特点,包括个人的精神面貌、气质、性格和情绪等心理要素,是其他素质形成和发展的基础。学生的心理素质水平不仅影响其学业成绩、学校中的人际交往和学校生活质量,而且会影响其毕业后的发展。同时,较差的心理素质也会引发各种心理问题和心理障碍,也是精神疾病的重要诱因。因此,开展多种形式的心理健康教育对提高学生心理素质、预防精神疾病的发生具有重大意义。

(四)有利于学生塑造健康人格,培养优良的思想品德

心理健康教育的目的之一是培养健全的人格,心理健康教育的开展状况直接影响学生人格的发展水平。学生在心理健康教育过程中可以通过接受道德规范、行为方式、环境信息、社会期望等来逐渐完善自身人格结构,使自身人格发展上升到一个新的高度。人格由多种因素组成,其中,性格是人格的核心。人的许多性格特征实际上反映了一个人的思想品德,如热爱集体、助人为乐、公正无私、富有同情心等。因此,要培养学生优良的思想品德,就必须帮助其树立正确的人生观、价值观,提高心理健康水平,而要达到这一目标,很大程度上要依靠心理健康教育。

(五)有利于促进学生智力发展,提高学习效率

心理健康教育是开发学生潜能的有效途径,为学生心理素质和潜能开发的协调发展创造必要条件。心理健康教育通过激发学生的自信心,帮助学生在更高的层次上认识自我,最终使潜能得到充分发展。学生可以通过心理健康教育不断提高自己的心理健康水平,逐步完善自己的心理品质。研究表明,心理健康的人具有轻松、愉快、乐观的情绪,这种情绪不仅能使人的记忆力增强、观察力提高,而且能活跃思维,充分发挥心理潜力,使人精力充沛地学习,并在此基础上有所发现,有所创造,获得智力的高度发展。此外,在社会活动中,心理健康者人际交往顺利,能适应多变的环境,形成和谐的人际关系,保持心理平衡,从而在智力活动中创造出价值更高的成果。

第二节　人际交往障碍的防治

案例导入

内向不善交际的小周

小周是一名性格比较内向的孩子,学习成绩不是很好。在班里,小周与他人格格不入,总觉得自己各个方面不如别人,因此封闭自己,不与其他同学交往。渐渐地,小周变得特别敏感,总觉得有人在说自己的坏话、嘲笑自己,因此常与同学发生不必要的冲突……

是谁的错

一天,A 同学和其他同学在教室里打闹,一不小心把 B 同学的桌子碰倒了,桌上的东西洒了一地,他放在桌上的眼镜也被摔烂了。B 同学立刻火冒三丈,大声嚷道:"没长眼睛吗? 给我捡起来,谁打烂的谁赔!"A 同学看到 B 同学盛气凌人的样子也十分生气,说道:"就是不赔,你敢怎样?"

于是,两个人你一言我一语地吵开了。后来班主任知道了这件事,对两个人进行了批评教育。对此,他们两人都很苦恼,都认为是自己受了委屈,对方应主动认错。

案例思考

1.第一个案例中,小周总觉得有人说他坏话的原因是什么?

2.第二个案例中是谁错了?应该怎样缓和A同学和B同学之间的关系?

一、学生常见的人际交往障碍

(1)自卑心理。自卑属于性格上的缺陷,是由于过多地自我否定或对自我能力估计过低而产生的自惭形秽的情绪体验。

【解决方案】客观地分析自己,评价自己,发现自己的闪光点。从小小的成功开始,通过不断的成功来确立自信,消除对自己能力的怀疑。

(2)自恋心理。自恋心理指过分地自我关心,自我欣赏,抱怨别人不重视自己。突出表现就是以自我为中心,按自己的需求,凭自己的想法办事。

【解决方案】在与同学的交往中,努力学习别人的优点和长处,要学会站在别人的立场思考问题。

(3)害羞心理。害羞心理指过多地约束自己的言行,表情羞涩,神情不自然,不能充分表达自己的思想感情,比较被动。其主要表现为不愿与人交往,不敢与人交往,这种心理属于不良的个性表现,需要加以克服和改变。

【解决方案】勇敢展现自己,树立自信。在各种场合,应顺其自然地表现自己,不要总是考虑别人会怎样看待自己。要勇于同别人交往,在学习和工作中学会克制自己的忧虑情绪,凡事尽可能往好的地方想,多看积极方面,不放大消极方面。

(4)恐惧心理。恐惧心理指感到紧张、担心和害怕,以至于手足无措,语无伦次。表现为神经高度紧张,内心充满害怕,注意力无法集中,大脑一片空白,不能正确判断或控制自己的举止,变得容易冲动。

【解决方案】觉得自己某一方面不擅长,那么就要更努力地去做,让别人信服。如果害怕在公共场合讲话,就要多在公共场合讲话来克服自己这种恐惧的心理。

(5)封闭心理。封闭心理指把自己的真情实感和欲望掩盖起来,过分地自我克制,除了必要的工作、学习、购物外,大部分时间将自己关在家里,不与他人来往。自我封闭者大都很孤独,没有朋友,甚至害怕社交活动,因而是一种环境不适的病态心理现象。

【解决方案】对于封闭心理者,不要压抑自己的真实情感,而要乐于接受自己,提高对社会交往与开放自我的认识,也可以将过分关注自我的精力转移到其他事物上去以减轻心理压力,要正视现实,勇敢地融入社会,找机会多接触新鲜事物。

(6)嫉妒心理。嫉妒心理指与他人比较,发现自己在才能、名誉、地位或境遇等方面不如别人而产生的一种由羞愧、愤怒、怨恨等组成的复杂情绪状态。

【解决方案】嫉妒心的产生往往源于误解,即别人取得了成就,便误以为是对自己的否定,对自己是威胁,其实,这只不过是一种主观臆想。一个人的成功不仅要靠自己的努力,更要靠别人的帮助。嫉妒心一经产生,就要立即把它打消掉,以免其作祟。

二、建立良好人际关系要遵循的原则

(1)平等原则:在人际交往中,交往双方所处的地位必须是平等的。

(2)相容原则:为人处世要心胸开阔,宽以待人,建立融洽的人际交往关系。

(3)互利原则:人际关系是相互依存的,使各方的需要都得到满足。

(4)信用原则:要做到说话算数,不轻许诺言。与人交往时要热情友好,以诚相待,不卑不亢。

(5)尊重原则:自尊和尊重他人。

🛡 小贴士

交往小技巧

1.同学交往

(1)与同学相处,目的要明确,态度要端正,不卑不亢,个性不要过于张扬。

(2)冷静克制,切莫莽撞。与同学之间相处,难免会有一些误会、矛盾,但无论是什么矛盾,矛盾是哪一方面引起的,都要保持冷静,不可冲动,不可意气用事,更不能激化或扩大矛盾。

(3)避免过激的言语和行为。矛盾纠纷大多是由琐碎小事和口角之争引起的,俗话说"祸从口出",因此,同学之间说话要把握分寸。在产生矛盾后应平心静气地解决矛盾,说话要有理有据,不可恶语伤人,更不可拳脚相加。

(4)依靠组织解决问题。遇到矛盾、冲突无法化解时,应及时向老师和学校汇报,实事求是地讲清事情的原因、经过,并积极配合工作,不要通过网络用互相攻击、谩骂、侮辱的方式来解决争端,避免矛盾进一步激化。

2.师生交往

(1)要客观全面地认识老师。当听到老师的批评时,首先要客观、冷静地分析,老师为什么要批评自己,自己应该从中吸取哪些教训,怎样做才最有利于解决问题和自身发展。

(2)培养尊师的真挚感情。学生只有尊重老师的辛勤劳动,才能不辜负老师的希望。人不可能十全十美,老师也不例外,对于老师的过失,学生也应该原谅。

(3)提高与老师对话的技巧。与老师交流最重要的一点是,要学会适当地表达自己的要求与意见。

(4)协助老师工作。协助老师了解班级真实情况,负责任地提出自己的建议,做老师的小帮手。

3.社会人际交往

(1)记住别人的姓名,主动与人打招呼,称呼要得当,有礼貌,给人以平易近人的印象。

(2)举止大方、坦然自若,使别人感到轻松、自在,激发交往动机。

(3)培养开朗、活泼的个性,让对方觉得和你在一起是愉快的。

(4)培养自己的幽默感,幽默风趣的谈吐可以使交往变得轻松愉快。

(5)与人交往要谦虚,待人要和气,尊重他人。

(6)做到心平气和,不乱发牢骚,这样不仅自己快乐,别人也会心情愉悦。

(7)要注意语言的魅力,安慰受创伤的人,鼓励失败的人,真诚祝贺取得成就的人,帮助有困难的人。

(8)处事果断、富有主见。精神饱满、充满自信的人容易激发别人的交往动机,博得别人的信任。

三、融入集体的方法

(1)处理好人际关系。想要别人怎样对你,你就要怎样去对待别人。以诚相待、尊重他人是最基本的原则。

(2)做好自己,让自己充满能量。除此之外,还要学会控制自己的情绪,很多时候人的情绪容易受到周围环境的影响,时间长了就会受环境左右,不能自已,导致其想要做的跟自己表现出来的相差甚远。

(3)要懂得沟通的技巧,敢于表达自身的看法。良好的沟通和表达能力是生活幸福、事业成功必须具备的品质。人们所遇到的许多问题都是沟通不畅导致的。有些人唯唯诺诺,总不敢表达自己的看法,害怕说出来被别人否定而"丢面子"。实际上,勇敢表达自己的看法是一个循序渐进的过程,应当正视这个过程,不要因此而感到害怕,挫折更有利于成长。

学以致用

1.人际交往能力自测。

本测验一共有 12 个问题,请根据自己的实际情况,逐一对每个问题做"是"或"否"的回答。为了保证测验的准确性,请认真作答。

(1)关于自己的烦恼有口难开,没有倾诉的对象。

(2)和陌生人见面时感觉不自然。

(3)过分地羡慕和忌妒别人。

(4)在社交场合感到紧张。

(5)与异性来往感觉不自然。

(6)与一大群朋友在一起时常感到孤寂或失落。

(7)与别人不能和睦相处。

(8)担心别人对自己有什么坏印象。

(9)对自己的仪表(容貌)缺乏信心。

(10)受别人排斥,感到冷漠。

(11)不能广泛地听取各种意见和看法。

(12)常被别人谈论、愚弄。

计分标准:选择"是"的计 1 分,选择"否"的计 0 分。结果解释如表 6-1 所示。

表 6-1 结果解释

分值	解释
0~3	在与朋友相处上的困扰较少,善于交谈,性格比较开朗,能主动关心别人
4~7	与朋友的相处存在一定程度的困扰,与朋友的关系时好时坏
8~10	与朋友的相处存在较大困扰
≥10	与朋友的相处存在严重困扰,而且在心理上出现较为明显的障碍

2.根据测验结果,结合自身问题进行自我剖析并制定改善方案。

第三节　焦虑症的防治

案例导入

考试焦虑

因临近中考,学生王某出现注意力不集中、学习效率差的现象,于是在其母亲的陪同下寻求心理援助。王某自幼受到父母严格的教育,倘若考试偶尔失误,就要受到严厉惩罚。从小学起,她的学习成绩一直名列前茅,进入初中以后,综合成绩总是排在全年级前十名,学校、家长对她寄予很大的希望。但近一个多月以来,她开始紧张、不安、心烦意乱、失眠,学习效率每况愈下,模拟考试成绩一次不如一次,老师和家长对她的态度由关心到埋怨,这使她痛苦不已,最近经常啼哭或发脾气,并拒绝上学,拒绝参加中考。

案例思考

1.王某应该怎样摆脱焦虑心理?

2.出现焦虑情绪时应该怎样疏解?

一、焦虑症及其主要表现

焦虑症是指以急性阵发性或慢性持续性情绪焦虑、紧张为主要特征的一种神经症。其主要表现形式为两种:第一,精神焦虑,如常感到无明显原因、无明确对象的紧张不安、焦虑烦躁、提心吊胆、注意力难以集中、容易激怒等。第二,躯体焦虑,包括运动性紧张,如肌肉紧张、颤抖、坐立不安等;自主神经功能亢进,如出汗、心动过速、呼吸急促、口干、面部潮红或苍白等。

二、学生心理焦虑的现状及原因

学生的心理健康是由其个体生物的、社会的、心理的诸多因素共同作用的结果。学生产生焦虑症的原因具体有以下三个方面。

1.生物遗传因素

焦虑心理障碍与生物遗传因素有很大的关系。研究发现,内分泌系统与自主神经功能在焦虑情绪的产生中起一定作用。

2.心理因素

心理因素是影响学生心理健康不可忽视的因素。学生认知过程和人格特征的缺陷是焦虑症产生的两个重要心理因素。从认知过程来看,焦虑症患者常有一些不合理的认知,易进入思维的误区,如他们看待问题非此即彼、以偏概全,对自己的失误、缺陷过分紧张。从人格特征来看,焦虑症患者的病前性格大多为自卑多疑、犹豫不决等。

3.社会环境因素

学生所生活的社会环境是影响其心理健康的重大因素,具体包括以下五个方面。

(1)社会政治、经济体制的改革,社会结构的变化和环境的改变,要求学生不断地调整自己的生活方式、思维方式和价值观念,适应社会的变化,否则,就会产生焦虑心理障碍。

(2)学习上的不适应,学业压力的增大。许多学生的自我成就感较强,渴望获得优异成绩,成才立业,但有些学生不适应学校的教学方式,过于忧虑、紧张而陷入考试焦虑之中。

(3)就业压力加大。目前,国家鼓励学生多种渠道、多种形式就业,支持学生自主创业,但由于社会就业体系中的固有矛盾,求职过程中所出现的靠关系、性别歧视等现象,使得学生们普遍感到压力较大,茫然焦躁。

(4)家庭环境的影响。学生的家庭背景复杂多样,有的学生家境不好,生活压力大;有的学生家庭关系紧张;有的学生家庭教育方式不当;等等。这都会导致学生面对人生的挫折与困难时产生焦虑情绪。

(5)人际关系复杂。学生性格特点、为人处世各有差异,在日常生活、学习和交往中难免有矛盾、摩擦,处理不好则会焦虑不安。

三、学生焦虑心理的防治对策

防治、摆脱焦虑心理的产生,需要学生个体和学校方面的共同努力。

(一)学生方面的对策

学生是其自身心理调适、心理素质提高的主体,应在防治焦虑心理上发挥主动作用。

1.培养正确的认知能力,学会客观、公正地评价自己和他人

从焦虑心理产生的原因可以看出,许多焦虑症当事人存在着不合理认知,尤其对于学生而言,追求完美是充满青春活力的学生普遍具有的一种倾向,他们进入校园后,满怀雄心壮志,意气风发,对自己和未来有着很高的期望,而当他们无法达到目标,在众多佼佼者中感到自己的渺小和无助时,心理就会失衡,出现明显的焦虑。因此,学生首先要树立正确的观念,培养正确的认知能力,以合理、现实的方式来看待生活、看待人生,学会客观、公正地评价自己和他人,保持平衡、稳定的心理状态。

2.学习掌握心理健康调节技巧

学生若处于焦虑之中,要学会调适的技巧,以调整自己在紧张焦虑时的情绪反应,使身心达到一种泰然自若的境界。摆脱焦虑常用的技巧有自我放松法和思想停止法。自我放松法旨在通过做一些简单的身体动作,如"深呼吸""抬上身""触脚趾""伸展脊柱"等,使肌肉和关节得到放松与伸展,有助于集中意念,达到内在的宁静。思想停止法的步骤是先在心里牢记困扰自己的想法或观念,协助者在旁高喊"停",自己的心中也喊"停",并思考一些别的事,或去做其他可以吸引自己的事,从而达到摆脱焦虑的目的。

3.培养良好情绪

过度焦虑是一种消极的情绪,而培养积极向上的健康情绪可以抑制或消除焦虑。具体方式有:①运用自嘲,以吐露郁闷。即以自嘲、委婉暗示的方式,把内心的不满、抑郁吐露出来。②合理宣泄,倾诉释放。学会把不良情绪以合理方式发泄出来,如向人倾诉或哭出来等。③在生活中保持平常心,以一种宽容、平和和乐观的态度去面对人生的起伏。④自我鼓励,语言暗示,用某些哲理式的思想来安慰、鼓励自己同痛苦和逆境斗争,或反复默念"喜笑颜开"之类的词语,并且想象这类令人愉快的情形。

4.培养自立能力和健全人格

部分学生焦虑心理产生的原因是能力及人格的缺陷。由于缺乏独立生活能力和自理能力,不能摆脱对家长的依赖,不能很快适应新环境的变化,就会不知所措,焦虑不安;由于缺乏良好的人际交往能力,在集体生活和学习中,不能处理好与同学和其他人的关系,就会产生烦恼与苦闷;由于缺乏健全的人格,不能面对各种困难、不能正确对待竞争,就会表现出自卑、孤僻、自私、虚伪、意志品质薄弱等不良性格。因此,学生应加强自我修养,提升自身的各种能力,如独立生活能力和自理能力、对新环境的适应能力、自学能力、抗挫折能力和人际交往能力等,做到诚实宽容、友好守信,并培养自信、乐观等良好性格特征,以及顽强的意志品质,以一种活泼开朗、健康向上、积极进取的精神面貌去面对学业、面对生活、面对未来、面对人生。

(二)学校方面的对策

学校要在学生的心理健康教育中充分发挥主导作用,为防止学生产生焦虑心理积极创造条件,同时采取相应措施,对有些同学的焦虑心理进行缓解和疏导。

1.营造良好的校园环境

校园环境对于学生的身心发展起着潜移默化的作用。首先,学校应致力于创造良好的师生关系和生生关系,师生之间应民主平等、尊师爱生、教学相长、心理相融;生生之间应以诚相待、友好互助、学会竞争、学会合作,为学生营造一个安定、和谐、温暖、友爱的学习环境。其次,要致力于培养紧张有序、积极健康、拼搏向上的校风和学风,以此引导学生端正学习态度,珍惜学习时间,并激励学生树立远大的理想,刻苦钻研,勇于探索,为成才报国打下坚实基础。

2.开展丰富多彩的校园文化活动

各种校园文化活动为学生施展才华、表现自我、锻炼能力、塑造个性提供了机会。因此,学校应结合学生的身心特点、思想状况及社会需要,有目的、有计划地开展多种多样、新颖有趣的校园文化活动,寓教育引导于各项活动之中。例如,通过开展青年志愿者活动、社会调查、实习考察等活动,使学生更深入地了解社会,开阔视野,培养他们的忧患意识、责任意识、成才意识、服务意识等;通过开展主题辩论、演讲、知识竞赛等活动,丰富学生的知识,培养兴趣,锻炼他们的各种能力;通过开展文体活动、娱乐活动,陶冶学生的性情,也为他们展示自我提供舞台和机会;等等。学生投身于各种活动之中,能够转移自身注意力,消除不良情绪,减缓焦虑心理。

3.进行心理健康教育与咨询指导

为有效改善学生的心理健康状况,防治焦虑心理,提升心理健康水平,学校必须建立、完善心理健康教育、心理卫生机构,开展科学的心理健康教育和心理咨询指导活动。为此,学校应建立相对独立的职能机构,负责实施全校的心理卫生、心理健康教育工作,根据学生的需要有组织、有计划地开展团体咨询和个人咨询,普及心理健康知识和自我调节的技巧,建立学生的心理档案,对学生的心理发展状况进行分析、预测和诊治。学校还可通过设置心理咨询门诊、开设咨询信箱、咨询热线电话、咨询网站等途径解决学生的疑难问题,预防心理疾患。与此同时,还应鼓励学生参加各种"人际交往小组"等社团活动小组,以自主、互助的方式提高自身的心理素质。

4.通过各种途径为学生排忧解难

随着我国就业制度的改革深化,学生在就业等方面的压力巨大,这也是造成学生焦虑的重要原因之一。学校应充分利用国家颁布的各项政策,采取有效措施,为学生多办实事,以解除他们的后顾之忧。对于家境不好、经济困难的"特困生",应建立一套行之有效的帮困助学体系,包括为学生争取助学贷款,建立学校勤工助学中心,设立帮困奖学金、助学金,直接减免学杂费,提供困难补助等。对于毕业生,要做好就业指导工作,鼓励学生自主创业,同时,可为他们提供就业信息,举办学校人才交流会、招聘会等,健全毕业生就业指导和服务体系,使就业工作规范化、制度化,提高毕业生的就业率。同时,学校教师、辅导员还应随时了解学生的思想状况,帮助学生以积极、健康的心态迎接各种挑战,顺利完成学业,走向社会。

📊 学以致用

1.焦虑症会有哪些表现?

2.当产生焦虑心理时,应该怎样做?

第四节　抑郁症的防治

📑 案例导入

抑郁的小丽

12 岁的小丽正在承受着前所未有的学习压力。小丽的父母对她有着极高的期望,希望她能顺利考入一所顶尖的中学。然而,小丽并不是一个天资聪颖的学生,尽管她很努力,但成绩始终不尽如人意。随着时间一天天过去,小丽的心理负担越来越重。她每次考试都会感到焦虑,担心自己不能达到父母的期望。她试图向父母表达自己的感受,但父母总是以"为你好"的理由让她坚持下去。小丽的情绪开始变得低落,她不再像以前那样喜欢笑了。她常常一个人待在房间里,不愿意和父母说话。她的食欲也开始下降,经常失眠,甚至开始出现自闭的倾向。

一天,小丽在上课时突然昏倒,被送到医院后,医生告诉她的父母,小丽已经患上了抑郁症。这是长期的压力和焦虑所导致的心理疾病。小丽的父母震惊了,他们从未想过自己的行为会对小丽造成如此大的伤害。他们开始反思,是否对小丽的要求过于苛刻,是否应该给她更多的自由和空间。

💡 案例思考

1.小丽为什么会陷入抑郁情绪不能自拔?

2.怎样帮助小丽摆脱抑郁症?

一、学生产生抑郁情绪的原因

学生产生抑郁情绪,既受其个性、意志等心理因素的影响,也受社会、家庭等外部因素的影响,具体有以下五个方面。

1.达不到既定目标产生失败感

理想是学生学习的重要动力,但一些学生在学习中往往对自己要求过高,不能正确处理现实和理想的矛盾,加之处于青春期的学生心理上还不成熟,没有形成正确的人生观,因此,他们在学习中很容易因失败而感到痛苦和彷徨,产生较低的自我效能感,陷入自轻、自贱的抑郁情绪中。

2.不客观的自我归因

对自己行为的归因是学生平衡自己心理的重要方法。许多学生,尤其是一些成绩较差的学生,往往认为自己成绩差是因为自己的能力不行,因此会对自己丧失信心。

3.缺乏自尊心

所谓自尊心,就是一个人对自己的尊重,相信自己的能力和自己从事工作和学习的价值。自尊心较强的学生,善于表达自己的思想,能与同伴很好地相处,在学习和生活中往往独立性较强。而缺乏自尊心的学生,常常忧愁伤感,不积极参加活动,害怕遭受拒绝,他们感到自己不被爱,感到孤独、无助和压抑。

4.人际交往贫乏

正常的人际交往是学生心理健康的重要指标。一些学生受到来自学校和家长的双重压力,只得把大部分时间用到学习上,而无暇顾及与朋友的情感沟通。这种紧张的学习状况,往往使他们感到生活单调乏味,产生孤独和寂寞的情绪。

5.父母行为方式的影响

在家庭中,父母是孩子的表率,他们的一言一行都深深地影响着自己的孩子。然而,一些父母为让孩子少走弯路,不顾孩子的身心健康,缺少对孩子的抗挫折教育。这让孩子长大后缺乏抗挫折能力,进而产生一系列的心理问题。因此,一些父母要摆脱"圈养"的养育方式,让孩子告别温室,健康成长;还有一些父母在学习上是孩子的"监督官",时刻关心孩子的成绩,提出严格要求,这使得他们的孩子在学习上总害怕失败。

二、学生抑郁症的表现

1.情绪低落

学生可能呈现持续的情感低落,感到沮丧、无望,对平时感兴趣的事物失去了兴趣,缺乏参与社交活动或体育活动的意愿。

2.注意力不集中

学生可能会表现出注意力不集中、经常走神、难以思考和记忆力衰退等症状。这可能会影响其学习表现和日常任务的完成。

3.心理闭锁

学生会变得孤僻,不愿与他人接触,待人冷漠。对周围的人常有厌烦或戒备的心理。孤僻的人缺乏同学、朋友之间的欢乐与友谊,交往需求通常得不到满足,内心苦闷、压抑、沮丧,感受不到人世间的温暖,看不到生活的美好,容易消沉、颓废、不合群。如果长期受这种消极情绪的困扰,不但影响学习,而且损伤身体。

4.思维迟缓

机体患抑郁症后,因思维迟缓,主动言语会减少,语速也会明显减慢,语调变低,严重者甚至无法与他人正常交流,外在可表现为反应迟钝,语言流畅性变差,无法与人以正常频次沟通。

5.睡眠问题

抑郁症患者的睡眠模式可能发生改变,可能出现早醒、难以入睡、多梦、睡眠不安、睡眠不深等问题。

6.身体不适

机体患抑郁症后可能会出现如头痛、胃痛、肌肉疼痛、疲劳感和全身无力等多种身体不适的症状。

三、学生抑郁情绪的调节方法

1.建立良好的心理环境

学校和家庭的支持作为个体应对压力的一种重要资源,对个体积极面对困难、克服心理障碍有着不可忽视的作用。学校和家庭可以从以下四个方面入手为学生建立良好的心理环境。

(1)教师和家长应当引导学生与正直、善良和有健康心理的人接触,这样有利于培养学生积极的情绪。

(2)学校和家庭应该为学生提供较多的情绪表达机会,使学生的不良情绪得到合理的宣泄。

(3)教师应该对学生的正面行为给予及时的表扬,以避免学生因得不到积极反馈而产生心理冲突。

(4)鼓励学生建立有效的心理防御机制,使其学会有效地保护自己。

2.意义疗法

意义疗法是一种在治疗策略上着重于引导就诊者寻找和发现生命的意义,树立明确的生活目标,以积极向上的态度来面对和驾驭生活的心理治疗方法。情绪抑郁的学生,其痛苦的根源在于不正确的消极思想总是包含着对问题的严重曲解,思想里弥漫的消极感占据着支配地位。意义疗法的主要精神就在于"自尊""自信",必须正确看待自己。意义疗法是一种比较易行的方法。情绪抑郁时,可"武断"地认为自己的想法不对,要从好的和积极的方面着想,以微笑面对痛苦,学会宣泄不良的情绪,减轻心理上的压力。

3.加强自我教育,培养健康心态

心境平和、心情舒畅是心理健康的基础。学生要正确了解自身的个性特点,学会采用转移、升华、宣泄等方法调节和控制自己的消极情绪,在各种实践活动中逐渐完善性格缺陷;合理地对待自己的需求和愿望,懂得根据实际情况来设计自己的行为和目标。当自己的能力达不到既定的目标时,就应对目标进行调整,而不是强迫自己去做力不从心的事;直面人生,公正地看待失败和成功,能意识到在人生的道路上挫折与失败是难免的,只有保持乐观的情绪、良好的心境,才能提高自己适应环境的能力;要以宽容大度之心待人,以豁达饱满之情处事,成为自己生活的主人。

4.营造良好的家庭情感氛围

尽力营造良好的、有利于学生成长的情感氛围。父母应设法了解学生的心理,及时疏导其不良情绪,使他们保持健康、愉悦的心境;帮助学生培养必要的生活自理能力,创造机会让他们独立处理问题,从而能够减少对家人的依赖,增强适应社会环境的能力。与此同时,父母应树立正确的教育观,不宜给学生过重的压力,不仅要重视学生知识的学习和积累,更要重视其心理素质的提高。

5.加强校园文化建设,培养健康情绪

学校对学生身心发展的影响不容忽视,良好的校风学风,严谨的治学态度,丰富多彩的科技、文体和娱乐活动等是学生健康成长的良好环境因素,有利于培养他们积极向上的生活态度、健康和谐的人际关系、乐观愉快的心境,从而增强他们的自我调控能力,保持心理平衡状态,提高心理健康水平。学校教师应充分发挥积极情绪的感染作用,组织学生积极参加丰富多彩的文化活动,使他们在活动中产生快乐情绪。学校应创办心理咨询中心,以帮助学生排解心理困扰,防范心理障碍。

📈 **学以致用**

1.当发现同学有抑郁心理时,应该怎样做?

2.产生抑郁情绪的原因有哪些?

项 目 实 训

实训任务：通过本项目的学习，同学们掌握了更多心理健康知识，为进一步提升学生的心理健康知识水平和素养，班级计划开展"心理健康月"活动，请同学们为本次"心理健康教育"活动设计活动方案。

实训要求：以 3~6 人一组，自由选择感兴趣的活动主题，设计出具体活动方案并施行。实训工单见表 6-2，实训评价表见表 6-3。

表 6-2 实训工单

活动主题	
活动宗旨	
活动内容	
具体要求	
活动总结	

表 6-3　实训评价表

专业		班级		组别	
姓名		学号		成绩	

实训中遇到的问题	
解决方法	
思考总结	

教师审阅意见：

签名：

年　月　日

模块三　生活生产安全技能篇

项目七　交通安全教育

项目导语

　　随着交通环境日趋复杂,交通事故频频发生。人们的疏忽大意所造成的交通意外事故不在少数。进一步提升公众的交通安全意识对减少交通事故的发生具有重要意义。作为新时代的学生,要树立科学的现代交通安全观念,做维护交通安全的表率。只有这样,才能有效预防和减少交通事故造成的危害。

学习目标

1.了解步行、骑车、乘车、驾车的注意事项,懂得基本的交通规则。
2.能够遵守交通规则,学会在遭遇交通事故时进行应急处理。
3.树立交通安全意识,积极防范交通事故。

第一节　步行安全

案例导入

行人横穿马路被撞身亡

　　2023 年 12 月 13 日,在海南省三亚市,一辆小型客车行驶至天涯区某街区路段时,撞上正在横穿机动车道的行人。被撞行人送医抢救后无效死亡。经查,事故中行人存在未走过街设施横穿马路的交通违法行为。

　　(资料来源:海南省人民政府.交警部门公布 2 起涉及横过道路典型交通事故案例 [EB/OL].(2023-12-15)[2024-06-20].https://www.hainan.gov.cn/hainan/5309/202312/de21c46234004836bbbf8f006f4d1e65.shtml.)

💡 **案例思考**

1.行人穿越马路时需注意哪些事项?

2.行人在步行中应当遵守哪些规则?

一、步行的注意事项

(1)在城市道路上行走时须走人行横道。在无人行横道与机动车道划分的街道或乡镇混合道上行走时,应靠右行。

(2)穿越有交通信号灯的人行横道时,自觉按交通信号灯的指示行进。如果没有交通信号灯,则要注意观察过往车辆,特别是右转和左转车辆,不要猛冲或在车流中穿行。

(3)在夜间交通信号灯停止工作时,走人行横道一定要左右环顾,注意判断车速,在确认安全的前提下快速通过。

(4)在有隔离栏的路段过马路时,要从人行天桥、地下通道或有人行横道标志的地方通过,不要翻越隔离栏。

(5)走路时应专心,注意观察路面状况、车流量、车流流向,以及是否有障碍物。不要在走路时玩手机、嬉戏、打闹,不要在路上踢球、滑旱冰或做其他运动。

(6)从居民区、胡同中通过时,注意观察住户窗边是否摆放物品,是否有人在活动;从施工的建筑物旁通过时,注意观察建筑施工地是否设有安全标识线和安全设施,尽量不要从工地直接穿过。

(7)风雨雪天出行时,要注意观察路面和周围环境。特别要远离路边的高大树木,有供电线路、电缆从空中穿过的区域,有变压器、高压线路的地方,避免潜在的危险。

(8)夜间外出尽量选择有路灯的道路行走,在没有路灯的情况下最好携带照明用具,注意观察路边停放的车辆是否启动,前后是否有车辆驶来。

(9)通过火车道口时应听从管理人员的指挥,如要穿过无人管理的火车道口,一定要注意观察,在没有火车经过的时候快速通过,不要在轨道附近逗留、玩耍。

(10)不要在机动车行驶的高架桥上行走,不要横穿高速公路。

二、步行危机的应急处理措施

(1)当在路途中意识到即将发生交通事故时,应立即做出反应,靠路边避让,不要往路中心避让,避免发生正面碰撞,以及被其他车辆再次碰撞。

(2)车祸发生后注意检查受伤部位,并采取初步的救护措施,如止血、包扎或固定。不要立即起来,伤势较重的话,应待在原地等待救援,以免因骨折错位、压迫呼吸而加重伤势或发生危险。

(3)居民区发生高空坠物伤害事故时,注意观察是否有物体继续下落,并迅速移至安全地带,检查伤者受伤情况,采取初步的救护措施并报警求救,保护好现场,以便相关部门调查取证和有效解决事故。

(4)与机动车发生事故时,应立即拨打"122"报警,并记下肇事车辆的车牌号等候交警来处理。如果伤势严重,应立即拨打"120"求助。

(5)与非机动车发生事故时,双方应克制协商,不能协商解决的情况下,立即报警。及时检查伤情,如伤者伤势较重,应求助他人迅速将伤者送至附近医院检查救治或拨打"120"求助。

(6)当发生坠井事故时,应观察井下情况,是否有积水和异味,并与落井者保持联系。如落井者无严重受伤,意识状况正常,可求助他人,就地取材开展营救。如落井者意识状况不正常,则不能擅自下井营救,以免发生中毒,应立即报警求助,请专业人员开展救援工作。

学以致用

1.行人在通过没有交通信号灯的路口时,怎样做最安全?

2.与机动车发生事故时应该怎样处理?

第二节 骑车安全

案例导入

电动车与小轿车相撞酿事故

2022年6月27日,上海青浦区某高速路段处,一辆电动自行车在高架道路上由东向西逆向骑行,与高速行驶的机动车对向擦肩而过,险象环生。最终,一辆白色小轿车避让不及,与电动自行车相撞,造成电动自行车驾驶人姚某受伤,后经医院抢救无效死亡。事故发生后,公安交警部门立即展开调查,结合道路监控以及途经车辆的行车记录仪,确定电动自行车骑车人姚某存在违反禁令标志驶入高架道路、逆向行驶、超速这3项交通违法行为,白色小轿车驾驶人张某不存在交通违法行为。

(资料来源:上海一电瓶车逆行上高架,骑手被撞受伤身亡[EB/OL].(2022-07-28)[2024-06-20]. https://www.thepaper.cn/newsDetail_forward_19210214.)

案例思考

1.骑车时若与机动车发生事故,应该采用怎样的步骤进行处理?

2.怎样确保骑行安全?

一、骑车时的注意事项

(1)12岁以下的儿童不允许骑车上路,12岁以上的学生骑车外出时要熟悉交通规则,保护自己。

(2)不得在拥挤的马路或街道上学骑车,应该在宽敞的操场上学骑车。

(3)没有车闸或其他安全保证的非机动车不能上路,定期对非机动车进行检修,以避免因车闸失灵等原因发生交通事故。

(4)骑车速度不可过快,高速行驶难以控制,一旦遇到特殊情况,容易发生意外。

(5)要在非机动车道上行驶,在混行道上要靠右行驶。

(6)经过交叉路口时要减速慢行,不可闯红灯。

(7)转弯时要提前减速慢行,向后瞭望,伸手示意,不要突然猛拐。

(8)经过坡度较大的陡坡或横穿机动车道时应当推车行走。

(9)在雨、雪、雾等天气骑车时要慢速行驶,路面结冰时要推车慢行。

(10)不可松开车把骑行,下坡时不可不捏车闸,不可骑车下台阶。

(11)骑车不要曲折行驶,不要相互竞驶。

(12)正常超越前方车辆时,不要与其靠得太近,速度不要过猛,不得妨碍被超车辆的正常行驶。

(13)不要骑一辆车再牵引一辆车,不要紧随机动车后面行驶,不要手扒机动车行驶。

(14)不要手中持物骑车,不在骑车时戴耳机听音乐、广播。

(15)骑车时不载过重的东西,不骑车带人。

二、骑车事故的应急处理措施

(一)防止骑车摔倒

骑车要小心谨慎,下陡坡、急转弯时最容易摔倒,对此,要注意以下三个事项。

(1)摔倒时要采取正确姿势,保护身体,避免严重摔伤。

(2)要当机立断抛掉车子,人向另一侧跌倒。

(3)全身肌肉要绷紧,尽可能用身体的一部分面积接触地面,切不可用单手、单脚、单肩着地,更不能让头部先着地。

(二)行车要保护好眼睛

在行驶过程中,车速快,公路上风沙大,异物容易侵入眼内,从而造成意外。对此,要注意以下三个事项。

(1)应佩戴防风太阳镜。

(2)如果眼内进入异物,应立即用干净手帕拭去异物,切忌用脏手擦眼睛。

(3)如有条件,最好滴几点眼药水。

(三)要注意擦伤、挫伤和脱臼

1.擦伤

(1)小面积擦伤可用红药水或紫药水涂抹,不必包扎。

(2)若关节附近擦伤,创面要涂上一些消炎软膏,并包扎起来。

(3)若面部擦伤,可涂点红药水,不要用紫药水。

(4)若发生大面积擦伤,须用生理盐水清洗伤口,然后涂上消炎软膏,用纱布、绷带包扎。

2.挫伤

(1)若发生肿胀、皮下出血等,可口服和外敷跌打损伤药物,然后加压包扎,抬高患肢。

(2)疼痛难以缓解时可服止痛药。

3.脱臼

发生脱臼时,最好能够立即复位。如果不懂复位知识和技巧,不要随意摆弄,而应迅速做临时固定,到就近医院处理。

学以致用

1.骑车前如何对非机动车安全检查?

2.骑车摔倒时应该如何减少对身体的伤害?

第三节　乘车安全

案例导入

不系安全带,后排两人身亡

2023年7月16日,黄某装驾驶黑色小车搭载了黄某秧、黄某乐、周某连行驶至乐业县同乐镇某路段时,与叶某驾驶的白色小车发生碰撞,造成涉事两车上的驾乘人员不同程度受伤。

据调查,该起事故中,白色小车的驾驶人及黑色小车驾驶人、副驾驶位乘员均按规定系好安全带,事故发生时在安全带的保护下只受轻伤;而黑色小车的后排乘员黄某秧、黄某乐并未按规定系安全带,事发时受惯性作用,身体疾速向前冲,撞在前排的座椅上,造成胸部、腹部等部位受伤严重,送医院抢救无效死亡。

(资料来源:撞得稀碎! 前排安然无恙,后排两人却不幸身亡! 为什么? [EB/OL].(2024-05-28)[2024-06-20].https://www.163.com/dy/article/J3A5LV0B0514K1Q0.html.)

案例思考

乘车时需要注意哪些事项?

一、乘车时的注意事项

(1)上车后迅速观察车辆情况,确认车辆安全门、安全锤及车门锁开关位置等,同时系好安全带。

(2)车辆行驶当中禁止将身体的任何部位伸出车外,不准向车外丢弃物品。

(3)乘车途中要坐稳扶好,车辆在行驶过程中不要与司机说话,以免干扰驾驶。

(4)禁止在车停稳前抢上、抢下,下车时要观察车门外有无来往车辆。

(5)禁止携带易燃、易爆等危险物品乘车。若在车内闻到烧焦物品的气味或看到不明烟雾、不明物体时,要及时通知司机或售票人员,同时撤离到安全位置,切勿自行处置。

(6)乘车时要注意保管好手机、钱包等财物,尤其在人多拥挤时,以免财物被盗。

(7)要及时举报违法超载及开"飞车"的客车。

(8)外出时尽量乘坐公交公司和正规出租汽车公司的车辆,切勿乘坐无证网约车、"黑车""黑摩的"等非法交通工具。

二、乘车事故的应急处理措施

(一)车辆落水

车辆落水后非常危险,首先要保持冷静,不要惊慌。在辨明自己所处位置后,迅速制定逃生方案。

1.当车辆落水后没有发生侧翻

（1）车辆落入水中后车身并不会立刻沉没，车辆也不会马上断电，这时应当迅速打开电子中控锁并解开安全带，打开车门迅速逃生。

（2）如果安全带无法解开，则要利用尖锐物品迅速割断安全带。如果车辆已经断电，无法打开车门和车窗，随着车辆继续下沉，车内外会有很大的压力差，这时则要选择砸窗逃生。

（3）砸窗时要选择安全锤、可拆卸的座位头枕、车载灭火器等尖锐物品，优先砸向车窗的边角部位。要注意的是，车身的各个玻璃中挡风玻璃最厚，人在车里面很难砸破；车门窗和天窗较薄，相对容易砸碎。

（4）砸碎玻璃后，碎玻璃会随水流迅速冲进车内，一定要小心别被玻璃划伤。逃出车外后要保持面部朝上，迅速游出水面寻求救援；如果不会游泳则在离开车前尽量找一些漂浮物抱住。

2.当车辆落水后发生侧翻

（1）要第一时间解开安全带，如果无法解开，则利用尖锐物品割断安全带。

（2）因为车辆侧翻后基本不可能打开车门，这时只能通过车窗逃生，因此要判断清楚更靠近水面的车窗位置，尽快砸车窗逃生。

（3）砸车窗前深吸一口气，同时保持镇定，以防被砸开车窗后涌入的水流呛到。砸开车窗后迅速离开车辆，并全力游向水面寻求救援。

（二）车辆着火时的自救措施

（1）寻找车门的应急开关。

一旦发生自燃事故，车辆电动门可能失灵而无法打开，这种情况下司机或售票员要及时通过车门应急开关打开车门。

目前公交车一般都配有应急开关。不同的车型，其应急开关的位置也不一样。有些在司机座位旁边，有些在车门顶部，形状大多数是扳手状。

（2）正确使用安全锤。

遇到车辆自燃事故，除了从车门逃生外，还可用车上的安全锤击碎车窗玻璃逃生。

（3）遇浓烟时捂住口鼻。

如果现场火势较猛，逃生时要用湿毛巾捂住口鼻，防止燃烧产生的烟尘被吸入体内，由于火灾产生的浓烟总是向上升腾，所以尽量选择弯腰通过现场。

（4）有序逃生。

当逃生通道打开时，千万不要拥挤，也不要急着冲出车外，因为此时如果车外有其他车辆经过，很容易造成二次伤害。先行逃离的乘客应协助司机，在门边或者窗边进行疏导和保护。逃生时应让老人、小孩先行离开。

（三）翻车时的逃生措施

（1）不要急于解开安全带。

翻车后不要急于解开安全带，而要先调整好身姿。因为大巴车内部空间较为空旷，盲目解开安全带很容易造成二次摔伤。正确做法是双手抓住座椅前方把手，确定身体固定后，一只手解开安全带，慢慢把身体放下来。

（2）可以使用安全锤破窗而出。

车门因变形或其他原因无法打开时，应考虑从车窗逃生。如果车窗是封闭状态，应尽快使用安全锤敲碎玻璃，确定车外没有危险后再逃出车外。

(3)可以从紧急逃生窗脱险。

一些公交车和大巴车顶会有两个紧急逃生窗,逃生窗上有按钮,旋转之后把车窗往外推即可打开。如果无法触及逃生窗,车内人员应给予帮助,先将一人托举出去,再通过上下接力,将被困人员救出车厢。

小贴士

安全锤的使用方法

安全锤一般安装在车窗旁边。使用时,要用安全锤的锤尖猛击玻璃四个角的地方,不要敲击中间部分,因为中间部分最为结实。

有些玻璃是有贴膜的,所以玻璃破碎以后不会立即脱落,乘客这时需抓住车内扶手支撑身体,并用力将碎开的玻璃端出车外,然后跳窗逃生。跳窗逃生时要注意避免二次伤害。

学以致用

1.车辆侧翻时应如何逃生?

2.发现所乘坐的车无牌照时该怎么办?

第四节　驾车安全

案例导入

疲劳驾驶酿大祸

2024年5月1日早上6时许,江西修大高速宜春段一辆小车行驶中偏离车道,在未减速的情况下猛烈撞上右侧护栏。由于撞击猛烈,该车车头直接被撞变形,所幸驾驶人未受到挤压,仅手腕处擦伤。经查,驾驶人前一天下午四五点出发,中途进服务区短暂休息了一次,至事发时严重疲劳,因而造成事故。

(资料来源:车头都撞"没"了!疲劳驾驶酿大祸[EB/OL].(2024-05-06)[2024-06-20]. https://m.gmw.cn/2024-05-06/content_1303730014.htm.)

案例思考

1.驾车出发前,应做好哪些准备?

2.如何避免驾车事故的发生?

一、驾车时的注意事项

(1)经常检查车辆,尤其在远途出行前要检查轮胎、制动装置、雨刷器等。

(2)行车之前确认四周无人,尤其是车辆盲区附近。

(3)上车后系好安全带,并提醒乘车人员系好安全带,安全带位置不要过高或过低。

(4)驾车过程中一定要遵守交通规则,按交通信号灯指示通行,并注意礼让行人。

(5)避免"三超一疲劳",即不超速、不超员、不超载、不疲劳驾驶。

(6)文明驾驶,不要不打灯强行并线、不开斗气车、不占应急车道。

(7)恶劣天气尽量不要驾车出行,若已经在路上应注意放慢车速。

(8)记住驾车三原则:集中注意力、仔细观察和提前预防。

(9)行车遇到路口情况复杂时,要做到"宁停三分钟,不抢一秒钟"。

(10)保持安全跟车距离,尤其不要紧跟在大型车辆之后。距前车越近,越看不到前方的路况,有突发状况时难以闪躲。

(11)不要只把视线局限在前车的车尾。随时观察周围道路状况,遇到危险时才能采取更好的闪避措施。

(12)会车时,如果对方开了远光灯,可以用远近光灯转换来提醒对方关闭远光灯。

(13)雾霾天气开车时不要使用远光灯,应及时打开雾灯。

(14)车上应常备破窗工具,以备不时之需。

🔖 知识拓展

《中华人民共和国道路安全交通法》规定申请驾驶证的最低年龄为18周岁。未满18周岁的学生,可以提前学习相关理论知识。

二、雨雪天气安全驾车的措施

出行前首先应检查车灯、雨刮器、轮胎等容易忽略的部件。其次,要检查车牌是否拧紧,因为在遇到积水时,车牌容易脱落。在驾车过程中,如果前面有车已经涉水,要做到主动预防,不要跟随其后,以防车辆陷入水中。行驶过程中,要判断路面积水的深浅,在积水区行驶时,应挂低速挡,尽可能不停车、不换挡。如果积水太深,不宜行驶。

如果在暴雨天气中车辆刚好行驶在高速公路上,应首先把速度降低,因为湿滑的路面会造成轮胎附着力减小,而且暴雨环境下驾驶员的视线也不好。千万不可在高速公路上随意停车避雨,后面的车辆可能因看不清楚而发生撞车事故。暴雨天气下一定要打开车灯,以提醒他人。同时,应勤按喇叭,告诉他人自己的位置。

如果车辆在积水中不慎熄火,不要连续长时间打火,这样会损坏发动机和电瓶,而应该把车推离积水点,等专业救援人员到来。如果车熄火后停在积水很深的地方,切记不要重新启动发动机。要在车辆电路还没有断电之前迅速打开车窗或天窗,然后将车推到水浅的地方并联系拖车等待救援。

有时候,车在低洼处不慎熄火时车外水位还很低,在驾车人反复尝试打火的时候,暴雨使得水位越来越高。在这种情况下,千万不要一直待在车里,而是要在第一时间解开安全带,弃车逃生。因为车在刚进入深水区时,由于水位在车门下部,车门还可以打开。等到水位上涨,车门被淹后,由于外部的水压明显大于车内的空气压,车门将无法打开,危险就会降临。

三、驾车事故的应急处理措施

(一)主要应急处理措施

1.立即停车,保护现场

停车后,按规定拉紧手制动,切断电源,开启危险报警闪光灯。如果在夜间发生交通事故,还需打开示宽灯和尾灯,并按规定设置危险警告标志。同时,保护现场的原始状态,现场的车辆、人员、散落物等,均不得随意挪动位置。如抢救伤者,应在其原始位置做好标记,不得故意破坏或伪造现场。在警察到来之前,可以用绳索等设置警戒线,防止无关人员进入现场,破坏现场证据。

2.及时报案

当事人应尽快拨打交通事故报警电话(110),报告事故发生的时间、地点、肇事车辆及伤亡情况。同时,如果现场发生火灾,还应拨打消防部门电话(119);如果有人受伤,应拨打医疗急救电话(120),以便伤者及时得到救援。同时,也可以委托过往车辆或行人向附近的公安机关或执勤民警报案。

3.抢救伤者或财物

确认受伤者的伤情后,应采取紧急抢救措施,并设法将伤者送往附近医院抢救治疗。同时,对于现场财物应妥善保管,防止被盗或被抢。

4.协助现场调查取证

交通部门会对现场进行勘查,记录事故情况,并要求当事人在现场图上签名。当事人应如实提供事故相关信息,协助交通部门进行事故调查。

5.做好防火措施

当事人应首先关闭车辆引擎,消除火警隐患,确保现场安全。在整个处理过程中,当事人应保持冷静,遵循相关程序,不得私自扣留车辆、人员或哄抢车上物品,否则可能会承担相应的法律后果。同时,注意保存好相关证据,如照片、视频、证人证言等,以便在后续处理中维护自己的权益。双方当事人应积极配合交通部门的调查取证工作。

(二)对伤员的急救措施

1.确保安全

在交通事故现场,首先要保持镇静,确保自己和伤者的安全,避免二次伤害的发生。如果车辆还在道路上,应打开危险报警闪光灯,并在车后设置危险警告标志。如果是夜晚,应根据情况尽可能将危险警告标志转移到有照明或易被发现的位置,以便引起过往行人、司机的注意,从而及时得到救助。

2.检查伤情

迅速而轻柔地检查伤者的状况,特别是呼吸和心跳。对于严重出血的伤口,应尽快进行止血处理,如使用干净的纱布或绷带进行压迫止血。不要取出伤者伤口内异物,不要随便清理伤口,避免损伤神经和血管。伤口处禁止用水冲洗或随意涂抹药物,以免造成伤口感染。

3.保持呼吸道通畅

确保伤者的呼吸道没有被堵塞,如果有呕吐物或异物,应小心清除。对于意识不清的伤者,应使其保持侧卧位,以防止呕吐物堵塞呼吸道。

4.处理骨折

如果伤者出现骨折,应尽量避免移动骨折的部位,以免加重伤势。可以使用木板、树枝等物品进行简单的固定,以减少骨折端的移动。

5.及时呼救

拨打急救电话(120),并告知事故地点、伤情和所需救援情况。在等待救援的过程中,可以对伤者进行简单的安抚,保持其情绪稳定。

6.避免随意搬动伤者

除非必要,否则不要随意搬动伤者,特别是在怀疑有脊柱或头部损伤的情况下,错误的搬动可能会导致伤势加重。

7.配合救援人员

当救援人员到达现场后,应详细告知他们伤者的状况和自己所采取的急救措施,以便他们更好地进行后续治疗。

需要注意的是,急救措施并不能替代专业的医疗救治。在交通事故发生后,应尽快将伤者送往医院接受专业治疗。同时,也要保持冷静,不要惊慌失措,以免影响急救效果。

学以致用

1.驾车时若遇到对方开着远光灯行驶,应该怎么办?

2.驾车过程中出现交通事故,应该怎么办?

项目实训

实训任务:为使学生充分认识到潜在威胁对出行安全的消极影响,了解外出活动过程中可能出现的安全问题,增强学生的安全防范意识和对交通事故的应急处理能力,班级计划召开以"珍爱生命,安全出行"为主题的班会,讨论学生外出活动时可能发生的突发事件及安全事故的处理措施。请同学们事先根据自己近期的出行计划拟定一份安全出行计划书,并在班会上与同学互相分享。

实训要求:安全出行计划书的设计具备真实性、可行性。实训工单见表7-1,实训评价表见表7-2。

表7-1 实训工单

出行目的地	
出行时间	
出行路线及交通工具	
可能发生的突发事件	
突发事件的应急处理	

表 7-2　实训评价表

专业		班级		组别	
姓名		学号		成绩	
实训中遇到的问题					
解决方法					
思考总结					

教师审阅意见：

签名：

年　月　日

项目八 实训实习与择业安全

项目导语

　　中职学生正处于自尊心强、易冲动、易受挫折的时期,在实训实习过程中,难免会遇到不顺心的情况。因此,要学会增强自己的适应能力和理智处理问题的能力,同时要学会用法律维护自己的正当权益。作为新时代的学生,中职生也要明确自己的权利和义务,对待工作认真负责,成为一名对社会、对国家有用之人。

学习目标

1.了解实训的基本原则,职业病的概念,常见的职业病类型和职业病的特点。

2.掌握特殊工作工种的安全规范和义务以及职业病的预防措施。

3.了解择业中的常见陷阱及防范措施。

4.增强法治意识,学会运用法律的武器维护自己的正当权益。

第一节 实训操作安全

案例导入

电焊时被电击

　　某工地上,一位中职学生在进行电焊作业时被电击身亡。经调查,该学生在电焊时未按照相关工作规程进行操作,没有切断电源,并且在接线时没有按照要求进行绝缘,导致电流直接穿过手指进入身体,引起电击事故。

案例思考

1.学生实训中可能会出现什么样的安全事故?

2.实训中应该怎样操作来保护自己?

一、实训基本原则

(1)安全第一,预防为主。对安全问题要高度重视,要求时时牢记安全,防微杜渐,防患于未然,把事故消灭在事故发生前。

(2)落实安全责任制。实现由校长、主任、实训教师到实训学生的垂直管理,保障实训安全。

(3)建立健全规章制度并检查落实。制定相应的安全管理制度,张贴于实训车间中,经常巡回检查安全隐患。

(4)事故处理"四不放过",即事故原因不查清不放过、事故责任不得到处理不放过、整改措施不落实不放过、事故教训不吸取不放过。

小贴士

中职学生必须熟知的实训安全知识

(1)严格遵守实训各项规章制度,熟悉操作规程。

(2)了解实训室内各类危险源,掌握其防护措施和应急处理方式。

(3)正确使用劳动防护用品。掌握洗眼器、喷淋器、急救箱等用品的使用、维护和保养方法。

(4)实训过程中不得擅自离开。危险的实训须在实训教师指导下进行。在实训室内不得从事与实训无关的活动。禁止携带食物、饮料进入实训室;禁止在实训室留宿;禁止携带首饰等尖锐物品进行实训操作;禁止在实训室吸烟等。

(5)遵循"三不伤害"原则,保障每个人安全健康。不伤害自己、不伤害他人、不被他人伤害。

(6)如果发现安全隐患或发生安全事故,及时采取适当措施,报告实验负责人。

二、特殊工作工种的安全规范

(一)机械加工车间的安全注意事项

(1)不准戴围巾、手套;不准穿宽松式外衣;袖口、衣襟必须收紧。

(2)必须佩戴安全帽,女工发辫应缩在帽子内,不得穿裙子。

(3)不得在运转的设备旁换衣服。

(4)要戴防护眼镜、防尘口罩,穿安全鞋。

(二)机械操作过程中的注意事项

(1)设备运转时,不许进行测量、加油、调整、清理、维修等工作。

(2)加工工件时,严禁以手代替工具。

(3)机床在运转中严禁非运行人员操作运行设备。

(4)切勿将刀具、量具等物品放置在机床旋转体或加工台面上。

（5）清理铁具时禁止用手擦、嘴吹或压缩空气喷。

（6）机床上的安全防护设施不得拆除。

（7）禁止使用破损的钢丝绳调运工作。

（8）毛坯或者加工好的部件未放置好时，不得作业或者离开。

（9）两人以上作业时，没有做到统一不要作业。

（10）机床设备正在运行时，操作人员不得离开。

（11）作业时应集中注意力，不要随意和同学聊天。

（12）实训完成后，没有关闭电源不要随意离开。

（三）车工车间应注意的安全事项

（1）夹持工件的卡盘、拨盘、鸡心夹的凸出部分最好使用防护罩，以免绞住衣服或身体的其他部分，如无防护罩，操作时注意保持安全距离，不要靠得太近。

（2）用顶尖装夹工件时，要注意顶尖与中心孔应完全一致，不能用破损或歪斜的顶尖，使用前应将顶尖、中心孔擦干净，后尾座顶尖要顶牢。

（3）车削细长工件时，为保证安全，应采用中心架或跟刀架，长出车床部分应有标志。

（4）车削形状不规则的工件时，应装平衡块，并试转平衡后再切削。

（5）刀具装夹要牢靠，刀头伸出部分不要超出刀体高度的 1.5 倍，刀下垫片的形状、尺寸应与刀体形状、尺寸相一致，垫片应尽可能少而平。

（6）对切削下来的带状切屑、螺旋状长切屑，应用钩子及时清除，切忌用手拉。

（7）为防止崩碎的切屑伤人，应在合适的位置安装透明挡板。

（8）除车床上装有在运转中自动测量的量具外，均应停车测量工件，并将刀架移到安全位置。

（9）用砂布打磨工件表面时，要把刀具移到安全位置，并注意不要让手和衣服接触工件表面。

（10）磨内孔时，不可用手指支撑砂布，应用木棍代替，同时车速不宜太快。

（四）铣工车间应注意的安全事项

（1）开始切削时，铣刀必须缓慢地向工件进给，切不可有冲击现象，以免影响机床精度或损坏刀具刃口。

（2）加工工件要垫平、卡紧，以免工作过程中发生松脱而造成事故。

（3）调整速度和变向，以及校正工件、工具时均需停车后进行。

（4）工作时不应戴手套。

（5）随时用毛刷清除床面上的切屑，清除铣刀上的切屑时要停车进行。

（6）铣刀用钝后，应停车磨刃或换刀，停车前先退刀，当刀具未离开工件时，切勿停车。

（五）钻床工车间应注意的安全事项

（1）不准戴手套操作，严禁用手清除铁屑。

（2）头部不可离钻床太近，工作时必须戴安全帽。

（3）钻孔前要先固定工作台，摇臂钻床还应固定摇臂，然后才可开钻。

（4）在开始钻孔和工件快要钻通时，切不可用力过猛。

（六）焊工车间应注意的安全事项

（1）焊工车间要经常保持通风干燥，电焊机合闸前必须检查高压电有无漏电或搭铁、接线处有无松动现象，无异常后方可合闸工作。

（2）施行电焊时必须佩戴面罩、手套、护脚，以防弧光刺伤眼睛、烧伤皮肤。

（3）敲打焊条药皮时，必须小心，防止焊渣飞溅烧伤眼睛。

（4）严禁带火靠近乙炔发生器，防止爆炸。

（5）必须定期检查安全回火防止器，做到安全可靠。

（6）搬运氧气瓶时必须加安全防震圈，搬运时要轻放，严禁滚动、摔碰、敲打、剧震氧气瓶，严禁在烈日下曝晒氧气瓶。气焊火源需离氧气瓶 3~5 米远，防止爆炸。

（7）焊补油桶、油箱时，必须先将油垢清除干净，再小心施焊，防止爆炸。

（8）实训结束后必须切断电源，关闭氧气、乙炔。

（七）钳工车间应注意的安全事项

（1）钳工所用的工具，在使用前必须进行检查。

（2）钳工工作台上应设置铁丝防护网，在錾凿时要注意对面工作人员的安全，严禁使用高速钢做錾子。

（3）用手锯锯割工件时，锯条应适当拉紧，以免锯条折断伤人。

（4）使用大锤时，必须注意周围的环境情况，在大锤运动范围内严禁站人，不允许使用大锤和小锤相互击打。

（5）在多层交叉作业时，应注意戴安全帽，并听从统一指挥。

（6）设备检修完毕时，要使所有的安全防护装置、安全阀及各种声光信号均恢复到正常状态。

（八）汽修车间应注意的安全事项

（1）拆装零部件时，必须正确使用合适工具或专用工具，不得用硬物、手锤直接敲击零件。

（2）零件拆卸完毕应按一定顺序整齐摆放，不得随意堆放。

（3）废油应倒入指定的废油收集桶，不得随地倒流或倒入排水沟内，以防废油污染。

（4）修维作业时应注意保护汽车漆面光泽，地毯及座位要使用保护垫布、座位套以保持修理车辆的整洁。

（5）进行修理作业及用汽油清洁零件时不得吸烟，不准在车间内烘烤零件或点燃喷灯等。

（6）用千斤顶进行底盘作业时，必须选择平坦、坚实的场地并用三角木将前后轮固定，然后用安全凳按车型规定支撑点将车辆支撑稳固，严禁直接在千斤顶顶起的车辆下进行车底作业。

（7）修配过程中应认真检查原件或更换件是否合乎技术要求，并严格按修理技术规范精心进行施工和检查调试。

（九）维修电工车间应注意的安全事项

（1）凡在实训室上课的学生，必须佩戴和使用电工安全防护用品，否则取消其实训资格。

（2）必须按照电工规范文明操作，未经实训教师允许不准擅自动用仪器、仪表、电器开关、电源控制柜等设备，未经实训教师许可不准私自通电试车、测试，若因此造成事故，由制造事故者本人承担全部责任。

（3）在通电测试数据、检修过程中，必须双脚踩在绝缘垫上，同时穿好绝缘鞋，以防触电。

（4）凡在实训室上课的学生，必须提前预习，熟悉电路图及操作步骤和注意事项。

（5）在操作过程中，若发现电器设备损坏或人员触电时，应立即切断电源。

📊 学以致用

1.结合实训经验，探讨如何避免在实训中受到伤害。

2.谈谈哪些行为可能会造成实训室火灾。

第二节　实习安全

案例导入

学生经职校推荐进入诈骗公司实习获判刑

贵州某职业技术学院的小李,通过学校推荐的校企合作项目进入了一家文化公司,被安排做前端引流的工作,即发布广告来获取潜在客户的联系方式,然后将其交给上级领导,由上级领导负责具体业务的沟通。

两个月后,小李得知公司因老师外出培训需要暂停营业半个月,但就在这个时候小李却被警方逮捕了。原来,小李所在的这家文化公司是一家诈骗公司。小李被指控犯有诈骗罪,并被一审判处有期徒刑六个月。小李告诉记者,自己一直不知道这是家诈骗公司。对此,该职业技术学院校长表示,学校在校企合作的企业审核方面存在问题,目前已整改,并会给小李提供帮助。

案例思考

1. 职业院校在开展校企合作中应该注意哪些问题?
2. 毕业生应怎样避免"实习陷阱"?

一、实习中容易出现的几个问题

(一)心理预期与现实工作反差较大

不少学生对"正式"走上工作岗位都抱有新奇感和憧憬,往往把实习工作过于理想化,不能正确预估实习过程中可能出现的问题。一旦正式走上工作岗位,面对严格的工作标准和工作中出现的各种难题,他们往往容易产生畏难的消极情绪,甚至逃避懈怠。

(二)劳动强度大

很多实习岗位需要员工进行长时间的高强度劳动,甚至有的工厂为了完成订单任务,每天安排的工作时间超过 8 小时,大量的时间消耗和体力消耗使得一些学生感觉太苦太累,不愿顶岗实习。

(三)适应能力较差

完成实习任务需要学生尽快适应从学校到企业、从课堂到实习车间的环境变化,接受企业的生产和管理理念。如果学生的适应能力较差,不能很快接受这一转变,就很容易在实习中出现各种问题。

(四)沟通能力欠缺

良好的沟通是有效工作的基础。与实习教师和工人师傅进行积极有效的沟通可以帮助学生学习到更多知识和技能,从而提高工作效率。但在具体的实习过程中,有些学生缺乏必要的沟通能力,遇到问题时也闷不作声自行处理,很容易引发安全事故。

(五)要求责任不同

在实习中,学生的身份是企业的实习员工,工作的强度和要求都高于以往。学生面临的风险隐患也相对增加,稍有不慎,就易发生安全事故。

二、实习中可能出现的伤害事故

根据影响安全的因素来说,实习中易发生的伤害事故可分为人的不安全行为导致的事故、物的不安全状态导致的事故、环境的不安全因素导致的事故,具体情况如表8-1所示。

表8-1　实习中可能出现的伤害事故

事故原因	类型	表现形式
人的不安全行为	上班时间不安全行为	不遵守管理制度、违反工作岗位安全操作规程等。例如,进入建筑工地不戴安全帽、高空作业不系安全带、带电作业只有一人单独操作等
	非上班时间不安全行为	违反交通规则、与人斗殴等
物的不安全状态	物体(设备)静止时不安全状态	失控物体的惯性造成的人身伤害,如落物、坍塌等
	物体(设备)运行(搬动)时不安全状态	起重作业伤害、机械加工作业伤害、车辆行驶伤害等
环境的不安全因素	腐蚀性液体、气体,易燃、易爆物品等	燃烧、爆炸、碰撞等

三、实习中的人身安全防范

实习期间,学生务必牢记以下四点。

(1)根据学校的实习管理规定,认真学习有关规章制度,在教师的指导下,与实习企业签订实习协议,确保协议符合国家、学校的相关规定,特别是有关人身安全、意外伤害保险及劳动保护的相关约定,确保实习期间的法律保护。坚决杜绝不签协议,不按规定提供相关法律和劳动保障的行为。

(2)坚决服从指导教师和实习单位的管理安排,努力提高职业素养与岗位技能。

(3)积极接受安全教育与管理,在工作、生活中加强安全意识与纪律观念,努力维护学校、实习单位声誉。

(4)杜绝一切危险、违法活动。不进入具有安全隐患的场所,避免与流窜人员来往,注意上下班的交通安全与驻外期间的人身财产安全。

另外,在学习各种安全常识的同时,要掌握相应的安全防护措施及事故应急处理方法。在顶岗实习阶段,学生只有做到充分认识行业、认知岗位、了解危险,才能处乱不惊,谨慎上岗,规范操作。

📖 学以致用

1.实习中可能出现的伤害事故有哪些?

2.如何安全地进行实习?

第三节　职业病的预防

案例导入

员工操作违法 X 射线装置确诊职业性放射性皮炎

　　深圳 A 公司一员工徐某右手食指远端指节出现红肿溃烂、压痛明显的症状,患指桡侧及指腹皮肤延甲周形成溃疡面,且损伤症状越来越严重,后经广东省职业病防治院诊为职业性放射性皮炎。经核实,徐某曾在深圳 A 公司操作过便携式 X 射线机对某批次缺陷产品进行探伤。该公司在使用 X 射线装置过程中存在多项违法行为,某区卫生健康局依据违法事实、情节给予 A 公司警告,并处罚款人民币七万五千元整的行政处罚。该公司履行行政处罚决定缴纳罚款并改正违法行为。

　　(资料来源:深圳市司法局.深圳 A 公司违反《中华人民共和国职业病防治法》系列规定使用 X 射线装置案以案释法[EB/OL].(2023-03-15)[2024-06-20].http://sf.sz.gov.cn/xxgk/xxgkml/szsyasfdxpfalk/content/post_10483976.html.)

案例思考

　　1.常见的职业病有哪些?

　　2.如何预防职业病?

一、职业病的概念

　　职业病是指企业、事业单位和个体经济组织的劳动者在职业活动中,因接触粉尘、放射性物质和其他有毒、有害物质等而引起的疾病。

　　在生产劳动中,劳动者由于接触生产中使用或产生的有毒化学物质、粉尘、气雾、异常的气象条件、高低气压、噪声、振动、微波、X 射线、γ 射线、细菌、霉菌等对身体产生危害,或长期强迫体位操作,迫使局部组织器官持续受压,等等,均可引起职业病。

二、常见的职业病类型

　　根据《职业病分类和目录》的相关规定,职业病可分为十大类,即职业性尘肺病及其他呼吸系统疾病、职业性皮肤病、职业性眼病、职业性耳鼻喉口腔疾病、职业性化学中毒、物理因素所致职业病、职业性放射性疾病、职业性传染病、职业性肿瘤、其他职业病。其中,职业性尘肺病及其他呼吸系统疾病、职业性化学中毒、职业性皮肤病最为常见。

　　职业性尘肺病是由长期吸入粉尘所致的以肺组织纤维性病变为主的疾病,也有人认为它是粉尘在肺内的蓄积并引起的组织反应。可能发生职业性尘肺病的主要工种有各种矿山的掘进工、风钻工、采矿工、爆破工、支柱工、搬运工等,耐火材料、玻璃、陶瓷、建筑材料工业的粉碎工、筛粉工、配粉工、搬运工、包装工等,以及其他生产过程中接触各种粉尘的工人。

职业性化学中毒发生在接触生产性毒物的工人中。最常见的有铅、汞、锰、苯、有机磷农药、一氧化碳、三硝基甲苯、砷、磷等中毒。中毒者一般常有头痛、头晕、乏力、睡眠障碍、食欲减退等神经衰弱症状。短时间接触高浓度毒物引起的急性中毒,其症状发生得非常迅速,严重者意识丧失,甚至死亡。长时间接触低浓度毒物引起的慢性中毒,其症状发生得比较缓慢而轻微,常与一般不适相混淆,易被忽视,往往病情加重时才被发现。

职业性皮肤病是指由于职业性因素接触化学、物理、生物等生产性有害因素引起的皮肤及其附属器的疾病。常见的职业性皮肤病有职业性接触性皮炎、职业性黑变病、职业性白斑、职业性痤疮、职业性皮肤溃疡、职业性感染性皮肤病等。同种的职业病常有一定的发病部位及相同的病理改变,其临床症状、化验检查亦基本相似。

三、职业病的特点

(1)病因明确。职业病一般是由接触职业性危害因素而引起的。

(2)发病与劳动条件密切相关。发病与否及发病的快慢,往往取决于接触职业性有害因素的时间、数量。劳动强度大、作业场所环境恶劣是引发职业病的根本原因。

(3)具有群体性发病的特征。在同一作业环境下,多是同时或先后出现一批相同的职业病患者,很少出现仅有个别人发病的情况。

(4)具有特定的临床特征。同一种职业病在发病时间、临床表现、病程进展上往往具有特定的表现。

(5)职业病的范围日趋扩大。为更好地预防职业病,保护劳动者职业健康权益,拓展劳动者权益空间,越来越多新的病种被纳入《职业病目录》。

普法小课堂

我国有关职业病防范的相关条例

为了预防、控制和消除职业病危害,防治职业病,保护劳动者健康及其相关权益,促进经济社会发展,根据宪法,制定《中华人民共和国职业病防治法》。其中,第三十条至第三十二条规定如下:

第三十条 任何单位和个人不得生产、经营、进口和使用国家明令禁止使用的可能产生职业病危害的设备或者材料。

第三十一条 任何单位和个人不得将产生职业病危害的作业转移给不具备职业病防护条件的单位和个人。不具备职业病防护条件的单位和个人不得接受产生职业病危害的作业。

第三十二条 用人单位对采用的技术、工艺、设备、材料,应当知悉其产生的职业病危害,对有职业病危害的技术、工艺、设备、材料隐瞒其危害而采用的,对所造成的职业病危害后果承担责任。

四、职业病的预防措施

(一)做好在岗预防

(1)要从源头控制。厂房设施、原料使用等均应符合职业病防治的要求。

(2)加强个人防护。定期开展安全生产教育培训工作,了解工作中可能接触的职业病危害因素和防护知识,遵守安全操作规程。衣服、口罩、手套等要按职业病防治的要求使用。

（3）提高警惕。如果身体不适,或车间多名同工种工人出现相同症状,可以向卫生部门咨询,如有问题,马上检查治疗。

（4）发现自己的职业健康权益被侵犯,要及时向劳动、卫生部门检举投诉。

（二）预防职业病的主要措施

（1）推广技术革新,改革生产工艺。例如,以无毒或低毒的物质代替有毒或剧毒的物质,以低噪声设备代替高噪声设备;生产过程实现机械化,自动化,从而减少工人与危害因素接触的机会。

（2）采取通风、排毒、降噪、隔离等措施减少或消除生产性有害因素。

（3）加强对生产设备的维修与管理,防止有毒物质的"跑、冒、滴、漏"污染环境。

（4）对于新建、改建、扩建和技术改造项目,劳动安全设施必须与主体工程同时设计、同时施工、同时投入生产和使用,确保这些项目完成后危害因素的浓度或强度可以达到国家标准。

（5）严格遵守安全操作规程,防止发生意外事故。

（6）加强个人防护,养成良好的卫生习惯,防止有害物质进入体内。

（7）合理安排休息制度,注意均衡营养,增强机体对有害物质的抵抗能力。

（8）进行就业前体检和定期体检,及早发现职业病患者,及时进行处理。

（9）根据国家制定的一系列卫生标准,定期检查作业环境中生产性有害因素的浓度或强度,及时发现问题并解决。

（三）职业病的预防原则与落实措施

1.职业病的预防遵循三级预防原则

（1）一级预防,从根本上着手,使劳动者尽可能不接触职业性危害因素,或把作业场所危害因素水平控制在卫生标准允许范围内。

（2）二级预防,对作业工人实施健康监护,及早发现职业损害,及时处理,有效治疗,防止病情进一步恶化。

（3）三级预防,对已患职业病的患者进行积极治疗,促使患者早日康复。

三级预防的关系:突出一级预防,加强二级预防,做好三级预防。

2.落实三级预防原则的基本措施

（1）实施劳动卫生监督,包括预防性和经常性卫生监督,以及事故性处理。新建、扩建、改建工程项目的卫生防护设施,"三同时"验收是其重要的内容。

（2）降低危害因素浓（强）度。常见的卫生技术措施要从工艺上改进,防止危害因素扩散,推广运用低毒、无毒的材料或技术,配置个人防护用品,通风防尘等。

（3）职业性健康筛检。常见的职业性健康体检包括就业前体检、在岗期间定期体检和离岗时体检。

学以致用

1.分析哪些职业可能会引发职业病?

2.结合自己的专业特点,试分析长期劳动后可能引起哪些职业病。

2.怎样判断自己是否得了某种职业病?

第四节　择业安全

案例导入

误入传销组织

张某是某高校美术专业的毕业生。一天，张某接到朋友周某从广州打来的电话，希望他来公司工作。张某来到广州后，周某让他签订了一份合同，并让他交押金3 000元，承诺如辞职离开公司，押金随时如数退还。张某认为周某与自己是朋友，又有合同和承诺作为保障，便拿出3 000元交了押金。当天下午，周某就开始对张某进行岗前"培训"。"培训"内容主要是讲怎样不择手段地赚钱，怎样"发展下线"等。经过几天的"培训"和"洗脑"后，公司让张某"上班"，工作内容就是打电话，动员、蒙骗认识的、想找工作的人来这里"工作"。

案例思考

1.如果你遭遇了案例中的情况，你会怎么做？

2.毕业生在择业时应当考虑哪些因素？

一、常见的择业陷阱

1.通过非正规网站和招聘广告应聘

人员招聘是用人单位的一项重要工作，是公司形象的重要组成部分，一般用人单位对该项工作非常重视，会派专人通过正规的渠道招聘。毕业生务必通过正规合法网站、校园招聘会、正规公司或是政府人力资源部门组织的人才市场招聘会找工作，不要毫无防备地把自己的简历、证件等身份信息交给非正规的用人单位，慎重点击互联网招聘广告，以防个人信息被盗取。

2.要求应聘者交纳"保证金"等费用

不少不法分子企图利用高薪待遇的幌子，收取高额报名费、培训费、考试费、体检费等，还有一些公司以便于管理为由向求职者收取押金，或抵押身份证。学生遇到以上这些情况时，一定要加强自我保护意识，提高警惕。《中华人民共和国劳动合同法》(简称《劳动合同法》)明确规定，用人单位招用劳动者，不得扣押劳动者的居民身份证和其他证件，不得要求劳动者提供担保或者以其他名义向劳动者收取财物。一旦上当受骗，求职者可向当地劳动保障监察部门或公安部门报案，寻求法律保护。

3.切勿掉入传销陷阱

有些学生因被骗而涉足非法传销，到头来后悔不已。因此，毕业生在求职的过程中如遇到用人单位过于主动，把入职后的发展前景说得异常振奋人心，并要求介绍朋友和同学一起加入时，一定要保持头脑的清醒,冷静分析这到底是"馅饼"还是"陷阱",不要轻易被诱惑,以防被骗入传销。

4.不将承诺写入合同

用人单位对招聘中承诺的内容并非必须承担履行义务。作为毕业生,如想要用人单位兑现招聘广告中的承诺,最好将这些承诺写入双方的劳动合同条款中,由《劳动合同法》的约束力来督促用人单位履行承诺。如果只是口头约定,一旦用人单位反悔,双方产生纠纷时,毕业生往往处于劣势地位,所以毕业生一定要用法律武器保护自己的合法权益。

5.招聘单位"无限期试用"

试用期人员底薪、劳保用品、物质奖励、各种保险和其他福利等可不与正式职工享受同等待遇。因此一些用人单位为减少人力成本,大量招募短期员工,且不与之签订劳动合同,待试用期满,就以各种各样的借口予以解雇。实习期过长,以各种借口为名被辞退,这是中职学生以往找工作中的普遍遭遇。

二、防范择业陷阱的措施

1.多方面、多渠道详细了解公司情况及背景

了解公司是否正规,业务是否合法,是否拥有合法的营业执照和经营许可证,是否有投诉或不良记录等。可以通过网上搜索查询来了解单位情况,如果一个用人单位没有公司网站则应特别注意。此外,有些招聘信息的欺骗成分很大,求职过程中一定要对信息的真实性与有效性进行审核,理性、理智地看待薪水福利等各种待遇,切不可盲目相信招聘信息。

2.确认职业介绍机构的合法性

正规的职业介绍机构具有合法经营资格并接受政府的严格管理,收费必须开具有效的票据。合法的职业介绍机构应持有职业介绍许可证、营业执照等。

3.防止网上求职被骗

网上求职作为社会信息化的产物,是一个发展趋势,毕业生在网上求职时,要选择正规合法的网站,并且务必保护好个人资料的安全,以防信息泄露,给行骗者可乘之机。即使是大型人才招聘平台上刊登的招聘信息,也要详细查明用人单位的合规性,做到心中有数。

学以致用

1.常见的择业陷阱有哪些?

2.应该怎么做来避免择业陷阱?

项 目 实 训

实训任务：为增强中职生的生命安全意识，树立"人人学急救，急救为人人"的观念，学校要求以班级为单位开展以"'救'在身边"为主题的急救知识实践培训，旨在让学生掌握医疗救护的基本技能，增加自救与互救能力。

实训要求：请学生认真体验该任务，学习和掌握相应的急救知识。实训工单见表8-2，实训评价表见表8-3。

表 8-2　实训工单

正确拨打医疗急救 电话"120"的流程	
正确使用担架及 搬抬患者的注意事项	
常见包扎法的包扎步骤	
胸外心脏按压法的步骤	
除颤器（AED）使用方法	
心肺复苏术、海姆立克急 救法实施步骤	
急救实践心得体会	

表8-3 实训评价表

专业		班级		组别	
姓名		学号		成绩	
实训中遇到的问题					
解决方法					
思考总结					

教师审阅意见：

签名：

年　月　日

项目九　户外安全与自然灾害防范

项目导语

　　随着户外运动的流行,参与户外运动的人群越来越庞大,随之产生的安全隐患也越来越多,户外安全显得尤为重要。不管什么性质的户外活动,都要做好充足的准备,防患于未然。本项目的学习能够帮助学生了解常见的户外风险和相应的防范措施,从而提升其安全防护能力。

　　自然灾害是人类赖以生存的自然界中所发生的异常现象。自然灾害对人类社会所造成的危害往往是触目惊心的,学生只有在充分了解自然灾害相关知识的基础上提高防范与应急能力,才能够在面对自然灾害时做到沉着自救。

学习目标

1.了解常见的户外事故。

2.掌握应对暴雨、雷击、雪灾、风灾、地震等常见自然灾害的预防和急救措施。

3.积极学习有关自然灾害的基础知识,提高自我保护能力。

第一节　户外安全基础知识及常见事故类型

案例导入

大学生相约登雪山迷路被困

　　2024 年 1 月 24 日 21 时,云南省怒江州某县消防救援大队接到群众报警称,有 5 名大学生相约爬雪山,因天色变黑无法辨识下山路线,导致被困于低温高海拔区域。所幸迷路大学生手机信号畅通,能够及时同救援队保持联络,为搜救提供了便利。该县消防救援大队接警后,立即出动救援力量连夜前往现场开展搜救工作,最终 5 名大学生被成功找到并转移下山。

　　(资料来源:深夜,5 名相约爬雪邦山的大学生迷路[EB/OL].(2024-01-25)[2024-06-20]. https://appkp.ccwb.cn/web/info/20240125171754QA3FTP.html.)

案例思考

1.户外登山的注意事项有哪些?

2.在户外遭遇突发事件时应当如何应对?

一、户外安全基础知识

1.穿着与装备

(1)选择适合户外活动的服装和鞋子,特别是要注意保暖、防水和防滑功能。

(2)携带必要的户外装备,如背包、水壶、手电筒、地图、指南针等。

(3)如有特殊需求,如攀岩、徒步等,还需准备专业的装备。

2.食物与水

(1)准备足够的食物和水,确保在户外活动中能够补充能量和水分。

(2)注意食物的卫生和安全,避免食用过期或变质的食物。

(3)尽量选择优质的水源,如清澈的溪流或经过处理的饮用水。

3.了解与规避风险

(1)在出行前了解目的地的天气、地形和可能遇到的风险。

(2)遵守安全规定和警示标志,不冒险尝试危险的活动或进入危险区域。

(3)注意防范野生动物和昆虫,尽量避免单独行动,必要时可使用驱虫剂等。

4.导航与定位

(1)掌握基本的导航技能,如使用地图和指南针确定方向。

(2)了解并应用现代导航工具,如GPS定位器或智能手机应用。

(3)在迷路或遇到紧急情况时,能够迅速采取正确的应对措施。

5.急救与紧急处理

(1)掌握基本的急救技能,如止血、包扎、骨折固定等。

(2)了解常见的户外疾病和预防措施,如中暑、脱水、食物中毒等。

(3)在紧急情况下能够迅速拨打救援电话或发出求救信号。

6.尊重自然与环境保护

(1)遵守环境保护法规,不乱丢垃圾、不破坏植被。

(2)尊重当地的风俗习惯和文化传统,避免与当地居民发生冲突。

(3)积极参与环保活动,为保护自然环境贡献自己的力量。

二、户外事故常见类型

(一)水域安全事故

1.概念

水域安全事故是指涉及水上或水域附近发生的意外事件,这些事件可能导致人员伤亡、财产损失或环境破坏。这类事故通常发生在校园内的人工湖、自然湖、河流、海滩等水域,很可能在参与水上活动、游泳、戏水等时发生。

2.原因

水域安全事故的主要原因有以下三种。

(1)缺乏安全意识。

学生可能未能充分认识到水上活动的潜在危险性,或者忽视了安全措施的重要性,在没有充分准备和了解水域环境的情况下,冒险进行水上活动。

(2)水域安全设施不足。

一些水域可能没有足够的安全保障,如救生员、救生设备、警示标志等,这增加了事故发生的风险。此外,水域管理不善(如未设置合适的警示标志或未进行定期的巡查和维护)也可能导致事故的发生。

(3)水上技能不足。

一些学生不谙水性或缺乏水上活动的经验,他们在面对突发情况时可能无法采取正确的自救措施。

3.预防

为预防学生在校园内发生水域事故,学校和相关部门应加强安全教育,提高学生的安全意识。可以通过举办安全讲座、开展水域安全培训等方式,向学生传授水域安全知识和自救技能。除此之外,学校应完善水域安全设施,如设置救生设备、警示标志等,并确保这些设施的可用性和有效性。同时,加强水域管理,定期进行巡查和维护,及时发现和消除安全隐患也是防范水域安全事故的重要措施。

(二)山地安全事故

1.概念

山地安全事故是指在山地环境中,学生参与户外活动或登山时发生的意外事件,这些事故往往导致人员伤亡或其他不良后果。

2.原因

山地安全事故可能由多种因素引发,包括环境因素、人为因素,以及装备和准备不足等。

(1)山地环境的复杂性和不确定性是引发安全事故的直接原因。

山地地形复杂多变,气候条件也可能变幻莫测,如突发的暴雨、大雾、暴风雪等极端天气都可能给户外活动带来极大的风险。此外,山区的动植物也可能给学生带来伤害,如毒蛇、猛兽的袭击等。

(2)人为因素是导致山地安全事故发生的重要原因。

一些学生可能缺乏足够的户外活动经验和技能,对山地环境的风险认识不足。还有一些学生可能过于自信或冒险,忽视安全规定和警示标志,选择了超出自己能力范围的活动或路线。

(3)装备和准备不足也可能导致山地安全事故的发生。

合适的装备对于保障户外活动的安全至关重要,但一些学生可能由于预算限制或其他原因,选择了不合适的装备或没有携带必要的装备。同时,缺乏充分的准备工作,如提前了解路线、检查装备、告知家人或朋友活动计划等,也可能增加事故发生的风险。

3.预防

为了预防学生山地安全事故的发生,学校和相关部门应加强安全教育,提高学生的安全意识。同时,学生自身也应增强安全意识,选择适宜的难度,确定合适的活动路线,确保自身具备足够的技能和经验。在参与登山等活动时,应遵守相关规定和警示标志,佩戴合适的装备,并做好充分的准备工作。此外,对于已经发生的事故,应及时进行救援和处理,并总结经验教训,以便更好地预防类似事故的发生。同时,加强山地救援队伍的建设和培训,提高救援能力,也是减少山地安全事故损失的重要手段。

(三)空中安全事故

1.概念

空中安全事故是指在参加离开地面的空中运动和训练项目过程中所发生的安全事故。这些空中运动和训练项目包括素质拓展训练、山洞攀爬、滑翔运动、摩天飞轮、海盗船、热气球、过山车、蹦极等。

2.原因

由于这些项目的参与者主要是青年,而且其刺激性、挑战性和趣味性等特点也正好满足学生的好奇心、挑战困难的自信心和提升战胜恐惧的心理能力等诉求。因此,学生往往会忽略此类项目对肢体技能、体力、防护装备的高要求,贸然尝试这些空中运动。同时,滑翔运动、蹦极等项目本身也存在高风险性,非专业人员很容易发生意外事故。

3.预防

参加空中运动需要提前了解运动要求和当地气象、地质、水文等条件,认真评估自身健康状况及风险承受能力,严格服从专业人员指导,接受技术培训,掌握救生常识和技巧。

第二节　户外运动安全防范与应急处理

案例导入

3名大学生在野长城露营遭雷击

2024年5月18日,在北京市怀柔区某村,3名大学生夜爬未开放的箭扣野长城后露营夜宿。19日清晨,3人被雷电击中,其中2人被击中后受轻微挫伤,另外一人被击中后晕倒,伤势较重。后经消防救援人员和医护人员合力转移到山下,送往医院救治。

(资料来源:3名大学生夜宿箭扣野长城,清晨遭雷击一人伤势较重[EB/OL].(2024-05-21) [2024-06-20].https://www.workercn.cn/c/2024-05-21/8261919.shtml.)

案例思考

1.在野外露营可能会遇到哪些问题?

2.如何确保露营安全?

一、登山

(一)登山安全防范

1.评估身体状况

在登山前,了解自己的身体状况非常关键。患有高血压、心脏病等疾病的人最好不要爬山。同时,根据个人能力,选择合适的登山地点和路线。

2.准备专业装备

登山需要携带专业的装备,如登山鞋、登山杖、护膝、头盔等,以防止在登山过程中不慎滑倒或摔伤。此外,还需要根据山区气候变化,准备适当的衣物,如速干衣、防晒衣、冲锋衣等,以应对不同的天气状况。

3.携带足够的食物和水

登山过程中,补充能量和水分至关重要。因此,要携带足够的食物和水,以确保在饥饿和口渴时能够及时补充体力。

4.了解天气和地形

提前查看天气预报,选择晴朗的天气出行,避免在恶劣天气或高温天气下登山。同时,应避开复杂的地形,选择比较平坦、安全的路线,避开陡峭路段、悬崖峭壁等危险地带。

5.做好预热运动

登山前应进行充分的热身运动,以活动身体,提高身体的灵活性和适应性。

6.注意防滑

由于道路湿滑或路面存在冰雪,很容易滑倒,因此在登山过程中,要特别注意防滑。

7.避免独自行动

尽量不独自登山,最好有经验丰富的人带路,或者与团队一起行动,这样可以增加安全性。

8.掌握急救知识

随身携带急救用品,如医用酒精、止血绷带等,并掌握基本的急救知识,以便在发生意外时能够及时处理。

9.具备良好的安全意识

遵守安全规定,不冒险行事,不借助不稳定的物体进行攀爬,保持适当的距离和队形,以及避免独自行动等,都是保障登山安全的重要措施。

此外,在登山结束后进行科学的整理活动、按摩、温水浴等,有助于消除疲劳,恢复体力。做整理活动时量不宜大,动作尽量缓慢、放松,使身体逐渐恢复到平静状态,如进行慢跑、慢走或做放松操,同时进行深呼吸。

(二)登山应急处理

1.保持冷静

登山时遇到紧急情况,首先要保持冷静,不要惊慌失措。迅速评估现场情况,判断危险程度,并采取相应的应对措施。

2.及时报警或求助

在发生严重事故或无法处理的紧急情况时,应立即报警或向附近的救援队伍求助,并告知他们具体的位置和情况,以便他们尽快进行救援。

3.处理伤口与止血

如有受伤者,应立即进行简单的伤口处理,如清洁和包扎。对于出血的伤口,要迅速止血,防止失血过多。

4.保持体温

在寒冷环境中,为受伤者提供足够的保温物品,如毛毯、睡袋等,以防止体温过低导致失温。

 **小贴士**

失温的防范与应急处理

失温是指人体热量流失大于热量补给,造成人体核心区温度降低,并产生寒战、心肺功能衰竭等症状,甚至最终造成死亡的病症。

当成人的身体发生失温时,会出现寒战、虚脱、手脚僵硬、意识模糊、冷感迟钝、言语不清甚至丧失语言能力、无法站立或行走等症状。当出现这些症状时,应及时测体温,若体温低于35℃,应立即就医。

如果不能马上获得医疗救治,可按以下方法升高体温:进入温暖的房间或住所;及时脱掉潮湿的衣服;温暖身体的核心区域,如胸部、颈部、头部和腹股沟;服用热饮料帮助提高体温,但不能服用含酒精的饮料,同时也不要给意识不清的人服用。情况缓解后,需尽快就医。

5.寻找安全的避难所

如果遭遇恶劣天气或无法继续前行,应寻找安全的避难所,如山洞中、岩石下等,并搭建简易的遮蔽物,以避免雨雪等自然灾害的伤害。

6.避免进一步伤害

在等待救援或自行下山的过程中,要避免受伤者进一步移动或活动,以免加重伤势。

二、滑冰与滑雪

(一)滑冰安全

1.滑冰安全防范

(1)穿着合适的装备。

首先,要选择适合滑冰的鞋子,确保它们能够提供足够的支撑和保护。其次,穿戴护膝、护肘和头盔等防护装备也可以减少意外受伤的风险。

(2)熟悉场地环境。

检查冰面的平整度和是否有突起物或裂缝,确保场地安全。同时,熟悉紧急出口和医疗设施的位置,以便在遇到意外情况时能够及时采取措施。

(3)掌握基本技巧。

学习并掌握滑冰的基本技巧,如平衡站立、向前滑行、向后滑行、转弯和停止等。这些技巧能在一定程度上减少意外发生的可能性。

(4)保持安全距离。

在滑冰时,与其他滑冰者保持安全距离,避免发生碰撞。同时,注意观察周围环境,避免与障碍物或其他人发生碰撞。

(5)注意身体状况。

在滑冰过程中,要时刻关注自己的身体状况。如果感到疲劳或不适,应及时暂停运动并寻求帮助。

(6)遵守相关规定和注意事项。

为了确保滑冰活动的安全进行,还需遵守相关规定和注意事项。比如,不要携带硬物进入滑冰场,以免摔倒时硌伤自己;在滑冰过程中,避免做出过于冒险或危险的动作;同时,遵守滑冰场的开放时间和管理规定等。

2.滑冰应急处理

（1）发现事故者应立即行动。

第一个发现滑冰事故的人应立即呼救并设法营救，同时要注意保护自己，避免在救援过程中受伤。

（2）报告相关部门。

发现事故后，应立即报告给学校或相关机构，以便他们尽快组织救援和采取进一步的应急措施。

（3）动用一切器材进行营救。

在确保自身安全的前提下，应尽快使用周围的器材对滑冰者进行营救，如使用救生圈、绳子等。

（4）进行紧急救治。

对受伤的滑冰者进行初步检查，观察其是否有意识、呼吸和脉搏。如有需要，应立即进行心肺复苏等紧急救治措施，并尽快拨打"120"请求专业医疗救援。

（5）保暖与安抚。

在等待专业救援的过程中，要注意给滑冰者保暖，避免其因寒冷而加重伤情。同时，也要对其进行安抚，缓解其紧张和恐惧情绪。

（6）通知家长。

第一时间通知滑冰者的家长或监护人，让他们了解事故情况和滑冰者的伤势，以便他们能够尽快赶到现场或医院。

（7）记录事故细节。

在应急处理过程中，要注意记录事故的详细情况，包括事故发生的时间、地点、原因、参与人员等，以便后续对事故的调查和处理。

（二）滑雪安全

1.滑雪安全防范

（1）准备合适的装备。

首先准备适合滑雪的装备，包括滑雪板、滑雪靴、头盔、护背、护膝、护腕等。这些装备不仅可以帮助掌握滑雪技巧，还能在意外发生时提供一定的保护。

（2）了解滑雪场的规则和环境。

在选择滑雪场时，要了解其开放时间和安全规定。熟悉滑雪场的布局和设施，包括雪道的等级、长度、宽度以及急救站的位置。

（3）掌握基本的滑雪技能。

初学滑雪者应在有经验的教练的指导下进行练习，学习正确的滑雪姿势、如何控制速度和方向以及如何安全地停止等。

（4）保持安全距离。

在滑雪过程中，要与前面的滑雪者保持足够的安全距离，以免发生碰撞。同时，要注意观察周围环境，避免与其他障碍物发生碰撞。

（5）控制速度和方向。

根据自己的滑雪技能和经验，选择合适的滑雪速度和路线。初学者应选择较平缓的雪道，并始终保持低速。在转弯或下坡时，要特别注意控制速度和方向。

（6）注意身体状况。

滑雪是一项体力活动，因此在滑雪前要确保身体状况良好。避免在疲劳或饥饿时进行滑雪，以免发生意外。同时,要注意保暖和补充水分。

(7)遵守滑雪场的警示和标志。

滑雪场通常会设置一些警示标志和提示,如"慢速行驶""注意碰撞"等。务必遵守这些提示,以确保自己和他人的安全。

2.滑雪应急处理

(1)身体不适。

如果在滑雪过程中感到不适,如出现头晕、胸闷等症状,应立即停止滑雪活动,并尽快向附近的工作人员或救护人员求助。他们可以提供初步的医疗救助,并联系滑雪中心的紧急处理室。

(2)紧急避险。

在滑行过程中,如果遇到紧急情况,如突然出现障碍物或其他滑雪者失控等情况,应迅速侧身,借助滑雪杖或手臂减缓速度,尽量避免碰撞。

(3)跌倒和受伤。

如果发生跌倒并受伤,首先要尽量保持冷静,然后检查自身是否有严重的外伤,并评估疼痛程度和活动能力。如果伤势严重或无法起身,应立即向附近的人员求助,并呼叫救援。在等待救援时,应远离雪道,避免被其他滑雪者撞到。

(4)寻找避难点。

如果在滑雪过程中遇到恶劣天气,如大风、暴雪等,应尽快寻找避风、避雪处,确保自己的安全。避免在恶劣天气下强行滑雪,以免发生意外。

(5)保持通信。

在滑雪过程中,尽量与同伴保持联系,确保互相的安全。如果与同伴走散,应约定好相遇地点和时间,并保持通信设备的畅通,以便及时联系和救援。

三、攀岩安全

(一)攀岩安全防范

1.选择合适的衣物和鞋子

在进行攀岩之前,务必选择宽松的长衣裤,避免穿短裤和紧身裤,以防止在攀爬过程中蹭破皮肤或妨碍动作。同时,穿专业的攀岩鞋也是必不可少的,它们可以提供更好的抓地力和稳定性,防止在攀爬过程中受伤。

2.准备安全护具

攀岩时必须系上安全带,并配备相应的保护绳、护膝、护肩、护肘和头盔等。这些护具可以有效防止在攀爬过程中因失手或滑倒而受伤。同时,要确保护具穿戴正确,以免影响攀爬动作或造成身体不适。

3.检查攀岩区域的安全状况

在选择攀岩路线时,要充分了解攀岩区域的天气和气候条件,尽量选择晴朗的天气进行攀岩。此外,要检查攀岩路线的难易程度,以及岩壁和岩道的稳定性,确保所选路线适合自己的技能水平。

4.学习正确的攀爬技巧

有效的攀爬技巧可以提高攀爬效率并降低受伤风险。例如,掌握手臂力量和平衡感、身体控制以及脚部技巧等都是非常重要的。通过定期训练,可以提高自己的攀爬技能和应对突发情况的能力。

5.与攀岩伙伴保持良好的沟通和配合

攀岩通常不是一个人的运动,与伙伴之间的良好沟通和配合至关重要。在攀爬过程中,可以互相提醒安全注意事项、分享攀爬经验,以及在必要时互相提供安全保护。

6.重视热身和休息

攀岩前进行适当的热身活动可以帮助调动肌肉和关节,减少运动中受伤的风险。同时,在攀爬过程中要注意休息,避免因过度疲劳而导致动作失误或受伤。

(二)攀岩应急处理

1.意外受伤或意外事故

在攀岩过程中,若发生滑伤、摔伤、受困、骨折等意外受伤或意外事故,应立即停止攀岩活动,确定攀岩者的生命体征是否正常(如意识清醒、呼吸正常等),如果攀岩者失去知觉或呈现呼吸、心跳停止等状况,应立即进行心肺复苏;若攀岩者仍有意识或呼吸正常,需保持其身体稳定,避免进一步加重伤势,并寻求专业医疗救助。

2.天气突变

如果在攀岩过程中出现暴雨、大风、雷雨等天气突变现象,应尽快停止攀岩活动,远离潜在危险地点,寻找避雨和防风的临时地点,并考虑寻找其他安全区域等待天气转晴。

3.负重物坠落

在攀岩过程中,如发现负重物意外坠落,应迅速喊停,并向下方人员发出警示。确定人员是否受伤,如果未受伤,迅速撤离坠落物附近,确保安全;如有人员受伤,立即停止攀岩活动。

4.设备故障

如发现绳索断裂、固定点松动等设备故障,应立即停止攀岩活动,检查故障设备,对于可以修复的问题,使用备用设备进行替换修复,确保安全;如无备用设备或故障无法修复,必要时考虑紧急撤离,确保所有参与者的安全。

四、漂流安全

(一)漂流安全防范

1.佩戴防护装备

在漂流过程中,必须佩戴救生衣和头盔,确保自身安全。这些装备在紧急情况下能够提供必要的保护。

2.了解水域情况

事先了解漂流的河流或湖泊的水流情况和危险地区,以避免进入危险水域。特别注意浅滩、礁石、漩涡等潜在危险点。

3.掌握漂流技巧

学习正确的漂流姿势和技巧,包括如何保持平衡、如何应对突发水流等。这有助于在漂流过程中保持稳定,减少意外发生的可能性。

4.听从指导人员指挥

在漂流过程中,务必听从专业漂流指导人员的指挥,不要擅自离队或进行危险动作。指导人员具有丰富的经验,能够确保整个团队的安全。

5.注意身体状况

漂流活动需要一定的体力,因此要确保自己的身体状况良好。如有心脏病、高血压等疾病,应在参与漂流前咨询医生意见。

6.不携带贵重物品

漂流时不宜携带贵重物品,如手机、相机等。这些物品容易在水中受损或丢失,同时也可能分散注意力,增加安全风险。

7.注意防晒和保暖

在阳光强烈或水温较低的情况下,要注意做好防晒和保暖措施,避免晒伤或感冒。

8.应对紧急情况

了解基本的自救和互救方法,如遇到翻船等情况时,应保持冷静,按照安全操作规程进行处理。同时,提前了解急救知识,随身携带急救药品和通信设备,以备紧急情况下的处理。

(二)漂流应急处理

1.漂流过程中的应急处理

(1)保持冷静。

在遭遇紧急情况时,如翻船、落水等,首先要保持冷静,不要惊慌失措。其次,迅速评估自身状况,并采取适当的自救措施。

(2)利用装备自救。

如果落水,立即抓住救生衣或身边的漂流器材,保持头部在水面上。尝试向岸边或安全区域游动,避免被水流冲向危险区域。

(3)发出求救信号。

在确认自身安全后,尽快发出求救信号,可以使用口哨、手机或其他通信设备向外界求助。同时,尽量高声呼喊,吸引周围人的注意。

(4)协助他人。

如果看到其他人遇到危险,应在确保自身安全的前提下,尽可能提供援助。可以利用漂流器材将落水者拉向岸边,或协助他们穿上救生衣等。

2.事故后的处理

(1)检查伤势。

在漂流结束后,进行身体检查,查看是否有受伤或不适的情况。如果受伤需进行初步处理,如止血、包扎等。

(2)报告事故。

将事故情况及时报告给相关部门或组织,以便他们采取进一步的措施。同时,提供事故的详细信息,包括事故发生的时间、地点、原因等,以便进行事故调查。

(3)总结经验教训。

在事故处理完毕后,进行总结和反思,分析事故原因和教训,以便在未来的漂流活动中避免类似事故的发生。

五、野营安全

(一)野营安全防范

1.野营准备工作

(1)选择合适的露营地点。

应选择平整、干燥且远离湖泊、河流、山崖边以及地势低洼处的地点,同时要确保远离公路,以避免噪音干扰并保证安全的休息环境。

（2）准备充足的物资。

准备食品、饮用水、手电筒及电池、常用药品（如治疗感冒、外伤、中暑的药品）等。食物和水的储备尤其重要，它们能够确保在野外有足够的能量和水分补充。

（3）选择合适的衣物。

穿着合适的服装和鞋子。推荐穿运动鞋或旅游鞋，避免穿皮鞋，因为皮鞋在长途行走时容易磨脚。此外，早晨和夜晚天气较凉，要适时添加衣物，防止感冒。

2.野营过程中的注意事项

（1）搭建帐篷要小心。

最好在白天搭建帐篷，搭建时要注意周围的环境，远离蚁穴、蜂窝等，在平整、坚实的地面上扎营，确保帐篷稳固且安全。

（2）注意防火。

在野外，火源的使用和管理尤为重要。确保火源远离易燃物品，并在不使用火源时将其完全熄灭。

（3）注意食品安全。

不要随便采摘、食用蘑菇、野菜和野果，以免发生食物中毒。所有食物都应妥善保存，避免变质。

（4）与同伴保持联系。

在野营过程中，应保持与家人或朋友的联系，向他们告知自己的行踪和计划。如遇紧急情况，应及时寻求帮助。

（5）环境保护。

在享受野营乐趣的同时，也要保护自然环境。不乱扔垃圾，不破坏植被，尊重野生动物的生活习性，尽量减少对自然环境的影响。

3.野营需具备的相关安全意识

要有成年人组织、带领野营活动，确保整个活动的安全和有序。在活动中，不随便单独行动，并将行踪报告给组织者或家长，以防发生意外。晚上要注意充分休息，以保证有充沛的精力参加第二天的活动。

（二）野营应急处理

1.在野外迷路

在野外迷路时，第一步应迅速使用一切可利用的工具与外界进行联系。可以尝试到比较高的地方寻找信号，或者主动燃放烟火等吸引其他人的注意。如果有探照灯，可以在夜间到山顶发送求救信号。第二步是快速检查食物和饮水储备，计算出最长维持时间，为下一步计划提供基本生存能力数据参考，同时尽可能收集环境线索，以便在物资耗尽的情况下，利用自然资源维持生命的时间。第三步是运用指南针或其他方法确定离开的方向。指南针如果失效，则可以尝试观察自然界中植物的生长情况，朝南的一面树木往往发育得更好。注意在撤离时沿途做好特定的记号，方便识别和被同伴发现，也可以避免走重复的路线。

2.在野外断粮

断粮后最糟糕的状况是体力耗尽，解决方法如下：第一步是迅速收集能收集到的水（如山泉水、露水等）和食物（如野生猕猴桃、野生梨等可食用的野果）。第二步是在利用手机、指南针等工具对外求救的同时，迅速寻找离开野外的方法，尽快回到水和食物充足的地带。第三步是注意回程路上可能发生的危险，尽量走开阔的地方，不走小路。

3.在野外遇到野兽

如果是在无人监管的野外碰到动物袭击，首先要努力保持镇定，迅速平复紧张情绪，思考下一步行动。

行动之前必须始终牢记,无论在什么情况下,都不能做出挑衅的行为,也不能动作过快立即逃跑,因为动物对人类不熟悉,它们会首先判断你是敌人还是猎物,尤其像狼、虎等喜欢追赶猎物的动物,如果你转身逃跑,行动迅速的它们会立即判断你是猎物,进而展开追捕。

如果需要逃跑,逃跑方式要视具体的动物而定,但尽可能不要上树(除非自己没有被动物发现,或者确信自己能及时被救援),上树等于自断退路,兽类善于等待。如果它不认为你是食物,并且发觉你不会对它造成伤害,观察之后它就会离开。

当然,最重要的是尽量避免单独行动;如无法避免,则需要随身携带必要的武器,如长棍等;走路时一定要集中注意力,观察周围是否有动物的痕迹,发现隐患后,第一时间寻求救援。

学以致用

1.在户外迷路时应如何自救?

2.登山时要注意哪些安全事项?

3.如何安全地进行漂流?

第三节 常见自然灾害与防范

案例导入

四川雅安地震造成4死42伤

2022年6月1日17时,四川省雅安市芦山县发生6.1级地震,震源深度17公里。雅安市应急管理局副局长介绍,截至6月3日凌晨5时,地震共造成4人死亡、42人受伤,受伤人员已全部送往医院救治。据初步统计,地震共造成雅安市14 427人受灾。雅安市房屋严重损坏135间、一般损坏4 447间。据四川省地震局消息,此次雅安芦山地震,房屋没有出现整体垮塌的情况。另据雅安市委办公室消息,死亡的4人均是被飞石砸中。

(资料来源:新华社.四川雅安发生6.1级地震,已致4死14伤[EB/OL].(2022-06-02)[2024-06-20].http://www.xinhuanet.com/mrdx/2022-06/02/c_1310612132.htm.)

案例思考

1.地震带来的灾难有哪些?

2.在遭遇地震时,应该怎么做?

一、地震的安全防范

(一)地震灾害的类型

地震又称地动、地振动,是地壳快速释放能量过程中造成振动,且在此期间会产生地震波的一种自然现象。地震是地球上主要的自然灾害之一。发生在人类活动区的强烈地震往往会给人类造成巨大的人员伤亡和财产损失。地震灾害的类型有以下三种。

(1)原生灾害,也称为直接灾害,是地震直接造成的灾害。

(2)次生灾害,是指地震引起工程结构和自然环境破坏而引发的灾害。例如,火灾、爆炸、有毒有害物质污染、水灾、泥石流、滑坡等。次生灾害造成的人员伤亡和财产损失可能超过地震原生灾害。

(3)衍生灾害,是指地震造成社会功能、物资流和信息流破坏而导致的社会生产与经济活动停顿所造成的损失。衍生灾害造成的损失难以估量。

(二)地震前兆

地震前兆是指地震发生前出现的异常现象,包括地震宏观前兆和地震微观前兆两大类。

1.地震宏观前兆

人的感官能直接觉察到的地震异常现象称为地震宏观前兆。地震宏观前兆的表现形式多样且复杂,大体可分为地下水异常、生物异常、地声异常、地光异常、地震云、气象异常等。

(1)地下水异常,主要表现为井水、泉水等出现发浑、冒泡、翻花、升温、变色、变味、突升、突降、泉源突然枯竭或涌出等现象。

(2)生物异常,是指动物和植物的震前异常反应。许多动物的感觉器官特别灵敏,它们能比人类提前感知地震的发生。除此之外,有些植物在震前也有异常反应,如不适季节的发芽、开花、结果或大面积枯萎与异常繁茂等。

(3)地声异常,是指地震前来自地下的声音,其声有如炮响雷鸣,也有如重车行驶、大风鼓荡等。

(4)地光异常,是指地震前来自地下的光亮,其颜色多种多样,可见到日常生活中罕见的混合色,如银蓝色、白紫色等,但以红色与白色为主;其形态各异,有带状、球状、柱状、弥漫状等。一般地光出现的范围较大,多在震前几小时到几分钟内出现,持续几秒钟。

(5)地震前有时会出现射线云和地震云。

(6)气象异常,主要有震前闷热、久旱不雨、阴雨绵绵、黄雾四散、日光晦暗、怪风狂起、夏季下冰雹或下雪等。

2.地震微观前兆

人的感官无法觉察,只有用专门的仪器才能监测到的地震异常称为地震微观前兆。例如,地面变形,地球磁场、重力场变化,地下水化学成分变化,小地震活动等。

观测地震微观前兆是科学家的工作;而发现地震宏观前兆既要靠科学家,也要靠广大群众。由于地震宏观前兆往往在临近地震发生时出现,因此,了解它们的特点,学会识别它们,对防震减灾有重要作用。

(三)应对地震灾害的措施

1.在家中的避震措施

(1)如果住在高层楼房,切不可跳楼逃生,应立即在居所选择理想的地方躲避,寻找室内的"安全三角区"。"安全三角区"主要是指室内房屋倒塌后,大块倒塌体与支撑物构成的三角空间,可称其为避震空间。室内易于形成三角空间的地方有床沿下,坚固家具附近,内墙墙根、墙角,厨房、卫生间、储藏室等空间小的地方。

（2）如果居住在平房,而且场地开阔,地震时可逃到户外。外逃时,最好头顶被子、枕头或安全帽。如来不及,最好在室内避震。可躲在桌下、床下或其他家具旁,依靠它们的支撑,挡住砸下的水泥块和砖块等,但是一定要远离窗户。

2.在公共场所的避震措施

（1）在影剧院、大型娱乐场所发生地震时,应立即停止活动,躲在排椅下。此外,舞台下也是避难的好地方。等地震停止后,有秩序地从出口撤离。

（2）如果发生地震时正在体育场馆进行比赛,应立即停止比赛,稳定情绪,防止慌乱、拥挤。等地震过后,有组织、有步骤地向体育场外疏散。

（3）在教室上课时发生地震,应迅速将书包放在头顶,躲在课桌下。等地震停止时,在教师的统一指挥下迅速撤离教室,就近在开阔场地避震。在操场或教室外遭遇地震时,不要乱挤乱拥,应避开危险物和高大建筑物,原地蹲下,双手保护头部。

（4）在野外发生地震时,应迅速离开山边、水边等危险环境,选择开阔、稳定的地方避震。

小贴士

避震过程中要坚持"三要三不要"原则

（1）要因地制宜,不要一定之规。地震时每个人所处的状况千差万别,避震方式不可能千篇一律。例如,判断跑出室外还是在室内避震要依据客观条件:住平房还是楼房、地震发生在白天还是晚上、房子是否坚固、室内有没有避震空间、室外是否安全等。

（2）要行动果断,不要犹豫不决。避震能否成功,就在千钧一发之间,容不得瞻前顾后、犹豫不决。有的人本已跑出危房,又转身回去取贵重物品,结果被埋压。

（3）在公共场所要听从指挥,不要擅自行动。擅自行动,盲目避震,很可能带来更大的伤害。

3.在废墟里的自救措施

地震时如被埋压在废墟下,千万不要惊慌,应该树立生存的信心,做好以下五点自救措施。

（1）保障呼吸畅通。

①设法将双手从压塌物中抽出来,清除头部、胸前的杂物和口、鼻附近的灰土。

②移开身边的较大杂物,以免被再次砸伤,或者因吸入倒塌建筑物的灰尘而窒息。

③闻到煤气、毒气时,要用湿衣服等物捂住口、鼻。

（2）防止发生火灾。

不要使用明火,防止引爆易燃气体。

（3）扩大和稳定生存空间。

避开身体上方不结实的倒塌物和其他容易掉落的物体,扩大和稳定生存空间,用砖块、木棍等坚硬物体支撑断壁残垣,以防余震发生后,生存环境进一步恶化。

（4）设法脱离险境。

①如果找不到脱离险境的通道,应尽量保存体力,敲击能发出声响的物体,向外发出呼救信号。

②不要哭喊和盲目行动,尽可能控制自己的情绪,或闭目休息,等待救援人员到来。

③如果受伤,要想办法止血包扎,避免流血过多。

（5）维持生命。

如果被埋在废墟下的时间比较长,而救援人员未到,应想办法维持自己的生命。尽量寻找食品和饮用水,合理分配食用,以做好较长时间等待的准备,必要时自己的尿液也能起到解渴作用。

学以致用

1.地震前有哪些征兆?

2.发生地震后,如果被埋压在废墟下应如何自救?

二、暴雨的安全防范

(一)暴雨的概念

中国气象部门规定,每小时降雨量 16 毫米以上,或连续 12 小时降雨量 30 毫米以上,或 24 小时降水量 50 毫米或以上的降水称为"暴雨"。

知识拓展

暴雨预警信号分四级,分别以蓝色、黄色、橙色、红色表示。

(1)暴雨蓝色预警:12 小时内降雨量将达 50 毫米以上,或者已达 50 毫米以上且降雨可能持续。

(2)暴雨黄色预警:6 小时内降雨量将达 50 毫米以上,或者已达 50 毫米以上且降雨可能持续。

(3)暴雨橙色预警:3 小时内降雨量将达 50 毫米以上,或者已达 50 毫米以上且降雨可能持续。

(4)暴雨红色预警:3 小时内降雨量将达 100 毫米以上,或者已达 100 毫米以上且降雨可能持续。

(二)暴雨的危害

(1)城市内涝。

①城市内涝会造成严重的经济损失,包括房屋地基因积水而造成的损坏、财产因进水而造成的损失、交通瘫痪对物流行业造成的影响、施工场地停工而造成的损失等。

②城市内涝会对城市卫生造成很大的影响,会导致河流溢流污染,还会使河道因长时间浸泡垃圾而产生恶臭,对周边水体产生非常大的影响。

③城市内涝会在短时间内给下游城市带来较大的排水压力,当大量径流沿河道输送至下游时,会严重影响下游城市的行洪,给下游城市带来严重的排水压力。

④城市内涝对周边生态系统的破坏也是极其严重的,城市本身处在一个生态环境极为脆弱的体系之中,长期的淹水会对生态系统造成很严重的影响。

(2)洪涝灾害。

由暴雨引起的洪涝灾害会淹没作物,使农作物的新陈代谢难以正常进行,进而发生各种危害,淹水越深,淹没时间越长,危害越严重。特大暴雨引起的山洪暴发、河流泛滥,不仅危害农作物、果树、林业和渔业,还会冲毁农舍和工农业设施,甚至造成人畜伤亡,经济损失严重。

(三)应对暴雨灾害的措施

(1)预防居民住房发生小内涝,可因地制宜,在家门口放置挡水板或堆砌土坎。

(2)室外积水漫入室内时,应立即切断电源,防止积水带电伤人。

（3）在户外积水中行走时，要注意观察，贴近建筑物行走，防止跌入井、地坑等。

（4）驾驶员遇到路面或立交桥下积水过深时，应尽量绕行，避免强行通过。如果车辆被困水中，要立即解安全带，打开车门电子中控锁，以防车门电路失灵，同时及时打开车窗，全力打开车门逃生。如果车门无法打开，也不要惊慌失措，要选择破窗逃生。破窗的方式也有技巧，在车身玻璃中，挡风玻璃最厚，人在车里面很难砸破，而车门窗和天窗最薄，选择其边角部位，相对容易砸碎。

（5）家住平房的居民应在雨季来临之前检查房屋，维修房顶。日常生活中不要将垃圾、杂物丢入马路下水道，以防堵塞，积水成灾。

（6）在山区旅游时，注意防范山洪。上游来水突然混浊、水位上涨较快时，须特别注意。

三、雷电的安全防范

（一）雷电的概念

雷电是伴有闪电和雷鸣的一种放电现象。雷电一般产生于对流发展旺盛的积雨云中，因此常伴有强烈的阵风和暴雨，有时还伴有冰雹和龙卷风。雷雨云在形成过程中，一部分积聚起正电荷，另一部分积聚起负电荷，当这些电荷积聚到一定程度时，就产生放电现象。放电有时发生在云层与云层之间，有时则发生在云层与大地之间，这两种放电现象俗称打雷。打雷造成的危害又叫雷击。

（二）雷电的危害

（1）雷电危害人畜生命。世界各地每年都要发生上百起的雷电伤亡事故，而这只占人畜遭遇雷击总数的三分之一，在另外三分之二的事故中，人们往往能够幸免于难。

（2）雷电引发火灾。雷电产生时，会放出大量的能量，这些能量大多由电能转化成光能和热能。雷电释放出的热能会使周围空气温度升高，而大自然中有些物质的着火点很低，当温度升高到着火点以上而周围又有大量可燃物时，很容易引发火灾。世界上每年由雷电所引发的火灾不在少数，其中，危害最大的便是森林火灾，森林由于其环境特殊，火灾往往一发而不可收。另外，雷电还可能烧毁房屋、烧毁工厂，往往木、竹建造的房屋最易遭受危害，而酒精工厂、衣料工厂、面粉工厂等最易着火。

（3）雷电损坏电器及电力设施。雷电放电时，能产生高达数万伏甚至数十万伏的冲击电压，它可能毁坏发电机、电力变压器等电气设备的绝缘，烧断电线和劈裂电杆，造成大规模停电。绝缘损坏还可能引起短路，这对电器的损坏非常大，轻则烧坏电线，重则直接让电器报废，甚至引发电路起火，造成火灾，危及生命财产安全；更有甚者会危及正在使用电器的人的人身安全。

知识拓展

雷电对人体的伤害

雷电的受害者有2/3以上是在户外受到袭击，以在树下避雷雨的最多，一般每3个人中有2个幸存。当人遭受雷电袭击的一瞬间，电流迅速通过人体，重者可导致心跳、呼吸停止，脑组织缺氧而死亡。另外，雷击时产生的火花也会造成不同程度的皮肤烧灼伤。雷电击伤，可使人体出现树枝状雷击纹、表皮剥脱、皮内出血，也能造成人的耳鼓膜或内脏破裂等。

（三）应对雷电灾害的措施

1.室内预防雷击的措施

（1）打雷时，要关好门窗，同时远离进户的金属水管和与屋顶相连的下水管等。

（2）尽量不要拨打、接听电话，或使用电话上网，应拔掉电源线、电话线及电视天线等可能将雷击引入的金属导线。

（3）不要将晒衣服、被褥用的铁丝接到窗外、门口，以防铁丝引雷。

（4）注意避开电线，不要站在灯泡下，最好是断电或不使用电器。

（5）太阳能热水器用户切忌在雷雨天洗澡。

（6）切勿处理开口容器承载的易燃物品。

2.室外预防雷击的措施

（1）如果身处树木、楼房等高大物体附近，应该马上离开。不宜在大树下躲避雷电，如万不得已，须与树干保持 3 米距离，采用下蹲的避雷姿势、双腿靠拢。

如果来不及离开高大的物体，应该找些干燥的绝缘物放在地上，蹲在上面，注意双脚、双手并拢，不可躺下。这时虽然高度降低，却增大了"跨步电压"的危险。切记水能导电，潮湿的物体不绝缘，不要随意触碰。

（2）不要在山洞口、大石下或悬岩下躲避雷雨，这些地方会成为火花隙，电流从中通过时产生的电弧可以伤人。

（3）应该回避空旷地带和山顶上的孤树、孤立草棚等，因为它们易遭雷击。深邃的山洞很安全，应尽量躲到山洞深处，身体不可接触洞壁，同时也要把身上带金属的物件，如手表、戒指、耳环、项链等物品摘下来；金属工具也要放到一旁。

（4）不要拿着金属物品在雷雨中停留，远离铁栏及其他金属物体。在雷雨中不宜高举雨伞或羽毛球拍，也不要使用手机。

（5）雷暴天气出门要穿胶鞋，这样可以起到绝缘作用。人在汽车内一般不会遭到雷电袭击，因为密闭结构的金属导体有很好的防雷功能，要注意不要将头和手伸出窗外。

3.对受伤者的急救措施

若伤者呼吸、心跳已经停止，可以采取如下办法急救。

（1）伤者就地平卧，松解衣扣、腰带等；

（2）立即进行口对口人工呼吸和胸外心脏按压，坚持到病人苏醒为止；

（3）手导引或针刺人中、十宣、涌泉、命门等穴；

（4）送医院急救。

若伤者有狂躁不安、痉挛抽搐等精神症状时，还要为其作头部冷敷。对电灼伤的部位，在急救条件下，只需保持干燥或包扎即可。此外，要注意给病人保温。

学以致用

1.在户外遇到暴雨如何应对，讨论完毕后每组选出一名代表发言。

2.在户外应该怎样防雷？

四、风灾的安全防范

（一）风灾的概念

在陆地上，平均（2 分钟或 10 分钟）风速≥14 米/秒（风力达到 6 级以上），或阵风风速≥17 米/秒（风力达到 8 级以上）就被称为大风。在我国，东南沿海是风灾最为严重的地域。大风除会造成少量人口伤亡、失踪外，还会破坏房屋、车辆、船舶、树木、农作物以及通信、电力等设施，由此造成的灾害为风灾。

大风等级采用蒲福风力等级标准划分。风灾灾害等级一般可划分为三级。

（1）一般大风：相当于6~8级大风，主要破坏农作物，对工程设施一般不会造成破坏。

（2）较强大风：相当于9~11级大风，除破坏农作物、林木外，对工程设施可造成不同程度的破坏。

（3）特强大风：相当于12级和以上大风，除破坏农作物、林木外，对工程设施和船舶、车辆等可造成严重破坏，并严重威胁人员生命安全。

知识拓展

风灾常见的类型

（1）暴风是指大而急的风，高出地面10米，平均风速28.5米/秒~32.6米/秒。暴风往往与雨相伴，一次时间较为短促。

（2）台风是指发生在太平洋西部海洋和南海海上的热带空气旋涡，是一种极猛烈的风暴，风力常达十级以上，同时伴有暴雨。我国是受台风影响最严重的国家之一，夏秋两季常被台风侵袭。台风的致灾特点表现为突发性强、强度大、群发性显著，往往造成山洪暴发、江河陡涨、桥梁被冲毁、农田被淹等灾害。

（3）龙卷风是指风力极强而范围不大的旋风，系自积雨云中下伸的漏斗状云体，轴线一般垂直于地面。龙卷风的尺度很小，中心气压很低，造成很大的水平气压梯度，从而导致强烈的风速，往往达到每秒一百多米，破坏力非常大。在陆地上，能把大树连根拔起，毁坏各种建筑物和农作物，甚至把人、畜一并升起；在海洋上，可以把海水吸到空中，形成水柱。

（4）飓风是指发生在大西洋西部的热带空气旋涡，是一种强烈的风暴，相当于西太平洋上的台风。高出地面10米，平均风速大于32.7米/秒。

（二）风灾的危害

（1）风灾使建筑物受损和倒塌。各类危旧房、工棚、临时建筑、围墙、广告牌、游乐设施、建筑施工中的吊机、电梯、脚手架等在强风中易被刮倒或折断，造成人员伤亡。

（2）对建筑施工的危害。风灾会使建筑起重机机械出现侧翻、脚手架难以架设。

（3）对供电系统的危害。风灾不仅可将电杆吹倒折断，万伏以上高压铁塔也有可能被刮倒损坏，造成停电事故或火灾。

（4）对大气环境的危害。大风可刮起地面沙尘，使空气质量恶化。

（5）对交通的危害。风灾可颠覆车辆或使之失控和停驶。

（三）应对风灾的措施

应对风灾的措施如表9-1所示。

表9-1 应对风灾的措施

大风来临前的措施	（1）关注天气预报，以了解最新的热带气旋动态。 （2）保养好家用交通工具，加足燃料，以备紧急转移。 （3）检查并牢固活动房屋的固定物以及其他重点部位；检查并且准备关好门窗，迎风面的门窗应加装防风板，以防玻璃破碎；常检查电力设施、设备和用电器；注意炉火、煤气、液化气，以防火灾。 （4）检查收音机电池、手电筒，以及储备罐装食品、饮用水和药品，准备一定的现金。 （5）清扫屋外排水沟及屋顶排水孔，以防阻塞积水。 （6）如果居住在河边或低洼地带，为预防河水泛滥，应及早撤到较高地区；如果居住在移动房、海岸线上、小山上、山坡上等容易被洪水或泥石流冲垮的房屋里，要时刻准备撤离。 （7）屋外各种悬挂物体应立即取下或钉牢，并修剪树枝，以防被暴风吹落伤人

续表

大风到来时的措施	（1）如需离开住所,要尽量和朋友、家人在一起,到地势比较高的坚固房子或到事先指定的风灾区域以外的地区。 （2）无论如何都要离开移动房屋、危房、简易棚、铁皮屋;不能靠在围墙旁避风,以免围墙被风刮倒导致伤亡。 （3）尽量不要外出,如果必须外出,不要在临时建筑物、广告牌、铁塔、大树等附近避风避雨。 （4）如果在开车,应立即将车开到地下停车场或隐蔽处。 （5）如果在帐篷里,应立即收起帐篷,到坚固结实的房屋中避风。 （6）如果在水面上(如游泳),应立即上岸避风避雨。 （7）如果在房屋里,应小心关好窗户,在窗玻璃上用胶布贴成"米"字图形,以防窗玻璃破碎。 （8）如大风天气伴有打雷,要采取防雷措施。 （9）露天集体活动或室内大型集会应及时取消,并做好人员疏散工作。 （10）不要到大风经过的地区旅游或到海滩游泳,更不要乘船出海
大风信号解除后的措施	（1）当撤离的地区被宣布安全时,才可以返回该地区。 （2）如果遇到路障或是被洪水淹没的道路,要绕道而行。 （3）要避免走不坚固的桥。 （4）不要开车进入洪水暴发区域;那些静止的水域很有可能因地下电缆或垂下来的电线而具有导电性。 （5）要仔细检查煤气、水以及电线线路的安全性,不可触摸断落电线,应通知电力部门检修。 （6）检查房屋架构是否损坏。 （7）在不能确定自来水是否被污染之前,不要饮用自来水。 （8）及时打扫环境,排除积水,全面消毒,防止病害

📊 **学以致用**

1.在户外遭遇雷电天气时正确的做法是什么?

2.在外遭遇风灾时,应该怎么办?

五、洪水的安全防范

(一)洪水的概念

洪水,又叫大水,是由暴雨、急剧融冰化雪、风暴潮等自然因素引起的江河湖泊水量迅速增加,或者水位迅猛上涨形成的一种自然现象。夏秋季节是我国洪水灾害的多发时节,因为这时正是暴雨频发的时期,大量的雨水导致湖泊、河流水位上涨,从而引发洪水灾害。

(二)洪水的危害

（1）导致人员伤亡和财产损失。

洪水灾害直接淹没引起死亡或因水灾冲击建筑物的倒塌致死、致伤,同时因洪灾造成的饥荒或疾病,会引起灾民饿死或病死,这也是洪水灾害最直接的危害。

(2)引起疾病的暴发和流行。

洪水灾害导致人群的移动,进而造成传染病的流行。一方面是传染源转移到非疫区;另一方面是易感人群进入疫区,这种人群的移迁潜存着疾病的流行因素,如流感、麻疹和疟疾都可因这种移动引起流行。有些多发病,如红眼病、皮肤病等,也可因人群的聚集增加传播机会。

(三)应对洪水灾害的措施

(1)洪水到来时,来不及转移的人员,要就近迅速向山坡、高地、楼房、避洪台等地转移,或者立即爬上屋顶、楼房高层、大树、高墙等高的地方暂避。

(2)如洪水继续上涨,暂避的地方已难自保,则要充分利用准备好的救生器材逃生,或者迅速找一些门板、桌椅、木床、大块的泡沫塑料等能漂浮的材料扎成筏逃生。

(3)如果已被洪水包围,要设法尽快与当地政府防汛部门取得联系,报告自己的方位和险情,积极寻求救援,千万不要游泳逃生,不可攀爬电线杆、铁塔,也不要爬到泥坯房的屋顶。

(4)如已被卷入洪水中,一定要尽可能抓住固定的或能漂浮的物体,寻找机会逃生。

(5)发现高压线铁塔倾斜或者电线断头下垂时,一定要迅速远避,防止直接触电或因地面"跨步电压"触电。

(6)洪水过后,要做好各项卫生防疫工作,预防疫病的流行。

六、泥石流的安全防范

(一)泥石流的概念

泥石流是指在山区或者其他沟谷深壑、地形险峻的地区,因为暴雨、暴雪或其他自然灾害引发的山体滑坡并携带有大量泥沙以及石块的特殊洪流。泥石流常常是滑坡和崩塌的次生灾害。滑坡、崩塌常常在运动过程中直接转化为泥石流,或者滑坡、崩塌发生一段时间后,其堆积物在一定的水源条件下生成泥石流。

(二)泥石流的危害

(1)对居民点的危害。

泥石流最常见的危害之一,是冲进乡村、城镇,摧毁房屋、工厂及其他场所设施,淹没人、畜,毁坏土地,甚至造成村毁人亡的灾难。

(2)对交通的危害。

泥石流可直接埋没车站,铁路、公路,摧毁路基、桥涵等设施,致使交通中断,造成堵车、汽车颠覆,甚至造成重大的人身伤亡事故。有时泥石流汇入河道,引起河道大幅度变迁,间接毁坏公路、铁路及其他构筑物,甚至迫使道路改线,造成巨大的经济损失。

(3)对水利工程的危害。

对水利工程的危害主要是冲毁水电站、引水渠道及过沟建筑物,淤埋水电站尾水渠,并淤积水库、磨蚀坝面等。

(4)对矿山的危害。

对矿山的危害主要是摧毁矿山及其设施,淤埋矿山坑道、伤害矿山人员、造成停工停产,甚至使矿山报废。

知识拓展

泥石流的诱发因素

泥石流的诱发因素可归结为自然因素和人为因素两大类。

1.自然因素

自然因素包括岩石风化、土壤松动、降水、地震等。岩石风化是自然状态下既有的,有氧气、二氧化碳等物质对岩石的分解,有吸收了空气中酸性物质的降水对岩石的分解,也有地表植被分泌的物质对土壤下的岩石层的分解;土壤松动主要由霜冻对土壤形成的冻结和溶解造成;表层松散的土壤和岩石在暴雨、快速融雪、地震等作用下形成泥石流。因此,泥石流具有一定的季节性和周期性,泥石流发生的时间规律与集中降雨时间规律相一致,一般发生在多雨的夏秋季节;其活动周期与暴雨、洪水的活动周期大体相一致。

2.人为因素

修建铁路、公路、水渠以及其他工程建筑时的不合理开挖,不合理堆放弃土、矿渣,滥伐乱垦等人类行为会破坏植被,使山坡失去保护、土体疏松、冲沟发育,大大加重水土流失,进而破坏山坡的稳定性,崩塌、滑坡等不良地质现象发育,结果就造成泥石流灾害的发生。

(三)泥石流灾害的防范措施

通常来说,泥石流是无法阻止的,因此,减少泥石流可能造成的生命和财产的损失的最好办法是撤离、避让和搬迁。预防泥石流灾害可从社会角度和个人角度两个方面着手。

1.社会角度

(1)房屋不要建在沟口和沟道上,绝大多数沟谷都有发生泥石流的可能。

(2)不能将冲沟当作垃圾排放场。在雨季到来之前,最好能主动清除沟道中的障碍物,保证沟道有良好的泄洪能力。

(3)保护和改善山区生态环境。提高小流域植被覆盖率,在村庄附近种植一定规模的防护林,不仅可以抑制泥石流的形成、降低泥石流发生频率,而且即使发生泥石流,也多了一道保护人民生命财产安全的屏障。

(4)泥石流监测预警。接收当地天气预报信息,监测流域的降雨过程和降雨量,监测岸沟滑坡活动情况和沟谷中松散土石堆积情况,在泥石流形成区设置观测点,发现上游形成泥石流后,及时向下游发出预警信号。对城镇、村庄、厂矿上游的水库和尾矿库经常进行巡查,发现坝体不稳时,要及时采取避灾措施,防止坝体溃决引发泥石流灾害。

2.个人角度

(1)要尽量避免在泥石流多发季节前往泥石流形成区。

(2)在山谷行走时,如果遭遇大雨,应立即转移到高地上,不要在谷底停留;露营时,应选择平整的高地。

(3)遇到灾害,选择科学冷静的方式方法逃生,增加生还概率。

(四)遭遇泥石流时的应急逃生

(1)迅速撤离到安全的避灾场地。

避灾场地应选择在易滑坡两侧外围。遇到山体崩滑时,要朝垂直于滚石前进的方向跑,在确保安全的情况下,要离居住的地方越近越好,交通、水、电越方便越好,千万不要在逃离时朝着滑坡方向跑,更不要不知所措,随滑坡滚动。千万不要将避灾场地选择在滑坡的上坡或下坡,也不要从一个危险区跑到另一个危险区。要听从统一安排,不要自己选择路线。

（2）无法逃离时应躲在坚实的障碍物下。

当遇到山体崩滑,无法继续逃离时,应迅速抱住身边的树木等固定物体,但不要爬到树上。可躲避在坚实的障碍物下,或蹲在地坎、地沟里。应注意保护好头部,可利用身边的衣物裹住头部。

（3）山体滑坡结束后不立即回家。

滑坡停止后,不应立刻回家检查情况。因为滑坡会连续发生,贸然回家可能会遭到第二次滑坡的侵害。只有当滑坡已经彻底结束,并且自家的房屋远离滑坡,确认安全后才能回家。

学以致用

1.遇到洪水如何自救?

2.泥石流有哪些危害?

3.遇到泥石流如何应急逃生?

七、沙尘的安全防范

（一）沙尘的概念

当强风将地面细小尘粒卷入空中使空气混浊,能见度明显降低时就出现了沙尘天气。沙尘作为一种高强度风沙灾害,它的形成与地球温室效应、厄尔尼诺现象、森林锐减、植被破坏、物种灭绝、气候异常等因素有着不可分割的关系。

沙尘多发生在气候干旱、植被稀疏的地区。我国受沙尘影响的地区多集中在北方,其中新疆南疆盆地、青海西南部、西藏西部、内蒙古中西部与甘肃中北部是沙尘的多发区。北方的沙尘天气主要出现在春季,这个季节里,北方大部分地区多气旋和大风天气,降水少,空气和表土干燥,加之地面裸露,具备产生沙尘的条件。进入夏季以后,由于降水逐渐增多,植被覆盖率提高,沙尘较少出现。

知识拓展

沙尘的种类

沙尘可以分为浮尘、扬沙、沙尘暴、强沙尘暴、特强沙尘暴五类。

（1）浮尘:尘土、细沙均匀地浮游在空中,水平能见度小于 10 千米。

（2）扬沙:风将地面尘沙吹起,使空气相当混浊,水平能见度在 1~10 千米。

（3）沙尘暴:强风将地面大量尘沙吹起,使空气很混浊,水平能见度小于 1 千米。

（4）强沙尘暴:大风将地面尘沙吹起,使空气非常混浊,水平能见度小于 500 米。

（5）特强沙尘暴:水平能见度小于 50 米。

（二）沙尘的危害

沙尘通过强风、沙埋、土壤风蚀和空气污染对人类的生产和生活造成严重不良影响。沙尘期间的大风常造成广告牌倒落、房屋倒塌、交通受阻、供电中断、火灾,甚至导致人畜伤亡。弥漫在空气中的大量细微颗粒还会对人体呼吸系统造成严重伤害,危害人们的身体健康,使人头痛、恶心、烦躁,感到神经紧张、压抑和疲劳,还极易引起急性结膜炎、红眼病。

(三)应对沙尘灾害的措施

1.沙尘季节注意收听气象预警

沙尘来临之前,气象部门会向社会发布预警信号,可以通过电视、广播、报纸、互联网、手机短信等,或者拨打电话"12121"向当地气象台咨询,或查看户外预警信号警示装置(如警示牌)来获得预警信息,还可以登录中国气象局官方网站和中国天气网等获取沙尘预警信息。

2.沙尘来临时的防范

(1)应及时关好门窗,将门窗的缝隙用胶带粘好;如果在危旧房屋,应及时撤出;尽量减少外出,尤其是老人、未成年人和体弱者;学校、幼儿园要推迟上学或者放学,直到沙尘天气结束。

(2)外出前应戴好防护镜及口罩或纱巾,行人要远离高层建筑、工地、广告牌、老树、枯树,还要远离水渠、水沟、水库等。

(3)司机在沙尘天气下驾车,应启动雨刷,控制车速,掌握方向,即使在白天也要打开远光灯,并使用雾灯。

(4)各级政府及相关部门要制定应对措施,机场、高速公路、铁路等部门要科学调度,确保交通安全;发生强沙尘暴时,飞机、火车、长途客车等应暂时停飞、停运。

(5)医院、食品加工厂、精密仪器生产或使用单位要做好药品、食品和重要精密仪器的密封工作。

(6)有关单位要妥善放置易受大风影响的物资,加固围板、棚架、广告牌等易被风吹动的搭建物,建筑工地要覆盖好裸露沙土和废弃物,以免被风卷起。

(7)停止一切露天生产活动和高空、水上等户外危险作业。

(8)沙尘天气结束后,市政环卫部门要及时洒水,清扫城市街道、院落沉积的大量沙尘。

八、雾霾的安全防范

(一)雾霾的概念

雾是指在接近地球表面、大气中悬浮的由小水滴或冰晶组成的水汽凝结物,是一种常见的天气现象。霾,也称灰霾,主要是人为因素造成的,因空气中的灰尘、硫酸、硝酸、有机碳氢化合物等粒子使大气混浊,造成视野模糊并导致能见度降低。

雾和霾常常相伴而生,二者具体有以下区别。

(1)能见度范围不同。雾的水平能见度小于1千米,霾的水平能见度小于10千米。

(2)相对湿度不同。雾的相对湿度大于90%,霾的相对湿度小于80%,相对湿度为80%~90%的是霾和雾的混合物,但其主要成分是霾。

(3)厚度不同。雾的厚度只有几十米至200米左右,霾的厚度可达1~3千米。

(4)边界特征不同。雾的边界很清晰,过了"雾区"可能就是晴空万里,而霾与晴空区之间没有明显的边界。

(5)颜色不同。雾的颜色是乳白色、青白色,霾则是黄色、橙灰色。

(6)日变化不同。雾一般在午夜至清晨最易出现;霾的日变化特征不明显,当空气比较稳定时,持续出现时间较长。

(二)雾霾的危害

(1)影响身体健康。

霾的组成成分中,危害人类健康的主要是直径小于10微米的气溶胶粒子,它能直接进入并黏附在人体的上下呼吸道和肺叶中,长期处于这种环境下会诱发肺癌。紫外线是自然界杀灭细菌、病毒等大气微生物的主要武器,霾会导致近地层紫外线减弱,易使空气中的传染性病菌的活性增强,传染病增多,会导致小儿佝偻病高发。

(2)影响心理健康。

雾霾天气容易让人产生郁闷、悲观情绪,影响人们的心理健康。

(3)影响交通安全。

出现雾霾天气时,室外能见度低,容易造成交通阻塞,交通事故频发。

(4)影响区域气候。

雾霾会造成空气污染,使区域极端气候事件频繁出现,气象灾害连连发生。更令人担忧的是,霾还会导致城市遭受光化学烟雾污染。

(三)应对雾霾灾害的措施

应对雾霾灾害,应注意做到以下六点。

(1)尽量少出门。中等和重度雾霾天气下,应尽量少出门,或减少户外活动,外出时戴口罩。

(2)做好清洁措施。进入室内要洗脸、漱口、清洗鼻腔。

(3)行车走路要更小心。中等和重度雾霾天气下,能见度较低且视线差,驾车、骑车和步行的人们都应多加小心,特别是通过交叉路口和无人看守的铁道口时,要减速慢行,遵守交通规则。

(4)锻炼身体有讲究。中等和重度雾霾天气易对人体呼吸循环系统造成刺激,人们在雾霾天气进行锻炼容易诱发心脏、肺部等疾病。通常来说,遇严重雾霾天气时应暂停户外运动。

(5)雾霾天气尽量不要开窗,必要时可等雾霾弱一些的时候开窗换气。

(6)室内装备空气净化装置。

学以致用

1.沙尘分为哪几类?

2.如何防范沙尘灾害?

3.雾霾天气情况下个人应如何做好防护?

项目实训

2021 年 7 月 17 日至 23 日,河南省遭遇历史罕见特大暴雨,发生严重洪涝灾害,特别是 7 月 20 日郑州市遭受重大人员伤亡和财产损失。请学生写一篇 1000 字以上的论文来表达对自然灾害的看法,论文题目自拟。

实训要求:论文中的内容要具有真实性、可信性。实训工单见表 9-2,实训评价表见表 9-3。

表 9-2　实训工单

论文题目	
论文大纲	
论文目录	
论文摘要	
论文关键词	
论文写作重点	
论点	
论据	
参考文献	

表 9-3　实训评价表

专业		班级		组别	
姓名		学号		成绩	
实训中遇到的问题					
解决方法					
思考总结					

教师审阅意见：

签名：

年　月　日

项目十 急救安全

项目导语

　　无论是在公共场所还是在学校,当遇到紧急情况时都要保持冷静,采取一切可能的方法保护好自己和他人的生命及财产安全。要做到临危不乱就必须学习和掌握一定的应急常识和技能。由于应对不同的紧急状况需要的方法也是不同的,所以有必要针对不同的情况分别给出相应的策略。

学习目标

1. 掌握基本的急救方法,增强对自己和他人的健康负责的意识。
2. 增强在紧急情况下采取急救措施的能力,养成关心他人的优秀思想品质。

第一节　现场急救的基本知识

案例导入

医护人员抓住"黄金四分钟",抢救休克患者生命

　　2024年4月18日,63岁的赵先生在青岛市某医院就诊途中突发呼吸心跳骤停。危急时刻,多名医护人员抓住"黄金四分钟",迅速展开一场"教科书"式接力抢救,成功跑赢"死神",将赵先生从生死线上拉了回来。

　　(资料来源:老人就诊途中突然倒地! 医务人员上演"教科书式"接力抢救[EB/OL].(2024-04-18)[2024-06-20].https://news.qingdaonews.com/qingdao/2024-04/18/content_23561640.htm.)

案例思考

1. 当发现有人突然晕倒时如何对其进行救治?
2. 紧急救护的步骤有哪些?

一、现场急救的内涵

急救即紧急救治,是指当有任何意外或急病发生时,施救者在医护人员到达前,按医学护理的原则,利用现场适用物资临时且适当地为伤病员进行的初步救援及护理,然后快速送往医院。

事故发生后的最初几分钟、十几分钟是抢救危重伤病员最重要的时刻,医学上称之为"救命的黄金时刻"。此时,如果进行及时、正确的救护,能最大限度地挽救伤病员的生命,减轻伤残和痛苦,为医院救治创造条件。因此,在实际救援中,最有效的救援人员往往是第一目击者。然而,在现场救护中,人们常常将抢救危重急症、意外伤害伤员寄托于医院和专业的医护人员,缺乏对在现场救护伤病员的重要性和可实施性的认识。

二、现场急救的作用

现场急救的作用主要有以下四个方面。

(1)挽救生命。通过及时有效的急救措施,如对心跳、呼吸停止的伤病员进行心肺复苏,以挽救生命。

(2)稳定病情。在现场对伤病员进行对症、医疗支持及相应的特殊治疗与处置,以使病情稳定,为下一步的抢救打下基础。

(3)减轻痛苦。通过一般及特殊的救护稳定伤病员情绪,减轻伤病员的痛苦。

(4)减少伤残。发生事故特别是重大或灾害事故时,往往会发生各类外伤,及时、正确地对伤病员进行冲洗、包扎、复位、固定、搬运及其他相应处理可以大大降低伤残率。

三、急救的步骤

1.报警

一旦发生人员伤亡,不要惊慌失措,马上拨打"120"急救电话报警。

2.对伤病员进行必要的现场处理

(1)迅速排除致命和致伤因素。例如对于是意外触电者,应立即切断电源;对于溺水者,应清除伤病员口鼻内的泥沙、呕吐物、血块或其他异物,保持呼吸道通畅等。

(2)检查伤员的生命特征。检查伤病员呼吸、心跳、脉搏情况,如无呼吸或心跳停止,应就地立刻开展心肺复苏。

(3)止血。有创伤出血者,应迅速包扎止血。止血材料宜就地取材,可用加压包扎、上止血带或指压止血等,并尽快将伤病员送往医院。

(4)如有腹腔脏器脱出或颅脑组织膨出,可用干净毛巾、软布料或搪瓷碗等加以保护。

(5)有骨折者用木板等临时固定。

(6)神志昏迷者,未明了病因前,注意其心跳、呼吸、两侧瞳孔大小。有舌后坠者,应将舌头拉出,防止窒息。

3.迅速且正确地转运伤病员

按病情的轻重缓急选择适当的工具进行转运,运送途中应随时关注伤病员的病情变化。

四、现场急救的基本原则

现场急救应严格遵守以下五项基本原则,做到临危不乱,胸中有数,以提高救治效果。

(1)先复后固:当伤病员心跳、呼吸骤停同时又伴有骨折时,应首先施行心肺复苏术,直至其心跳、呼吸恢复后,再固定折骨。

（2）先止后包：在出血又有伤口的情况下，首先应止血，再对伤口进行包扎。

（3）先重后轻：当有多个伤病员时，应优先抢救重者，后处理轻者。

（4）先救后送：对危重伤病员要先在现场抢救，待病情稳定后再送到医院进一步救治。切忌未经任何处理搬动伤病员。

（5）边救边呼：在遇到有大量伤病员的现场，在对呼吸、心搏骤停和大出血等伤病员进行救护的同时，要及时呼救周围的人来协助，并拨打"120"急救电话求助。

第二节　急救常用办法

📖 案例导入

> **旅客心脏骤停，工作人员奋力抢救转危为安**
>
> 　　2024年4月12日，一名旅客在登车前突然昏厥倒在站台上，心脏骤停。危急时刻，车站工作人员第一时间赶到现场开展急救，为旅客争取到了抢救的黄金时间。
>
> 　　接到消息的车站客运值班员杨某，第一时间赶赴现场，他观察到旅客胸口没有起伏，且伴有濒死状呼吸。初步判断旅客符合心脏骤停的特征，需要立即进行抢救。他随即通知车站客运综控室拨打"120"，并进行广播寻医，同时将自动体外除颤（AED）拿到现场。车站工作人员与一名乘车的医务工作者轮番对该旅客进行人工呼吸，并用AED心脏除颤6分钟后，医护人员到达现场接手抢救，前往医院进行进一步抢救治疗。由于抢救及时，该名患病旅客最终脱离生命危险。
>
> 　　（资料来源：旅客站台突发心脏骤停　众人抓住"黄金四分钟"成功抢救［EB/OL］.（2024-04-20）［2024-06-20］.https://m.gmw.cn/2024-04/20/content_1303717959.htm.）

💡 案例思考

1.常见的急救办法有哪些？

2.人工呼吸的步骤是什么？

一、医疗急救电话——120

"120"是医疗专用急救电话，24小时有专人接听，接到电话可立即派出救护车和急救人员。我国有不少城市已实现公安"110"与医疗"120"联网，拨打"110"也可得到救护帮助，特别是刑事案件、纠纷和意外事故。

为了使病人及时得到运送和救治，拨打急救电话时语言必须精练、准确，一般要讲清楚以下四点。

（1）病人的性别、年龄，以及其所在的详细地址。

（2）病人的主要病情或症状，如神志不清、昏倒在地、大出血、呼吸困难等。

(3)告之自己或呼救者的姓名及电话号码,一旦救护人员找不到病人时,方便与相关人员联系。

(4)如果是意外灾害事故还需说明事故缘由,如房屋倒塌、列车脱轨、毒气泄漏、食物中毒等,并说明受伤人数等情况,以便急救中心调集救护车辆,通知各医院救援人员集中到出事地点或向政府有关部门报告。

二、胸外心脏按压

当病人发生心脏骤停时,靠外力挤压心脏(见图10-1)可暂时维持心脏派送血液的功能。具体做法是:让病人仰卧于地上或硬板床上,急救者站立或跪在病人右侧,解开患者衣服,露出胸部,左手掌根部放在病人胸骨体下段,右手掌重叠放在手背上,双手十指分开并相扣,两手手指翘起,两臂伸直,利用上半身重力垂直向下按压,按压幅度至少5 cm,每分钟至少100次。按压时用力均匀、有规律,不可中断按压。用力不能太大、太猛,放松时手不离开患者胸部。

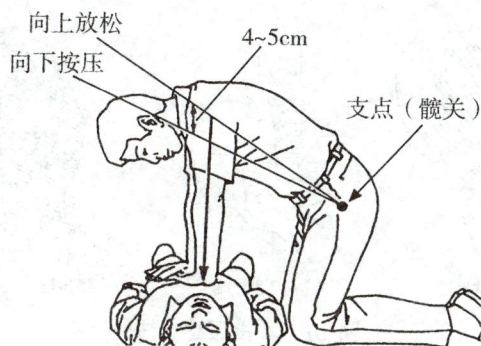

图10-1　胸外心脏按压

三、人工呼吸

人工呼吸是对呼吸停止的病人进行紧急呼吸复苏的方法,是现场急救的重要手段。人工呼吸的方法主要有口对口人工呼吸法和口对鼻人工呼吸法。

1.口对口人工呼吸法

一手托起病人后颈部,使头后仰,口张开,保持呼吸道通畅,另一手捏住病人的鼻孔,急救者用口唇把病人的口唇全罩住,呈密封状,深吸一口气后快速吹气,每次吹气应持续大约1秒,每次吹入气体量约800~1 000 mL。连续吹2次,确保每次通气时有胸廓起伏,吹完后立即松开捏病人鼻孔的手,让气道通畅,如图10-2所示。单纯通气时,频率为10~12次/分。

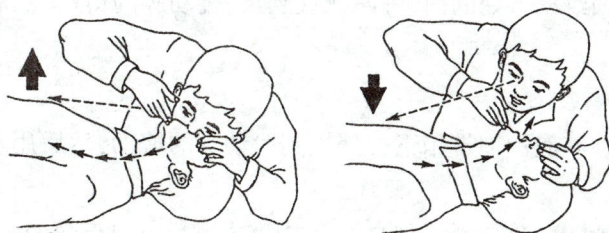

图10-2　口对口人工呼吸法

2.口对鼻人工呼吸法

对于牙关紧闭、张口困难、口唇创伤的病人不能经口呼吸时,可采用此法。一手置于病人前额后推,另一只手抬下颌,使口唇紧闭。用嘴封罩住病人鼻子,深吹气后口离开鼻子,让气体自动排出。

四、止血

出血是创伤后的主要并发症之一,可分为外出血和内出血两类。一般来说,成年人的出血量若达到全身总血量(4 000~5 000 mL)的20%,就会出现面色苍白、头晕乏力、口渴等急性贫血的症状;若超过全身总血量的30%,将危及生命。因此,对外出血的伤员,尤其是大动脉的出血,必须立即止血;对疑有内脏或颅内出血的伤员,应尽快送医院处理。外出血的止血方法主要有以下四种。

(一)指压止血法

指压止血法指用手指指腹压在病人出血动脉近心端相应的骨面上,以阻断血液的流动来达到止血的效果如图10-3所示。这种止血方法常用于动脉出血,操作简便,止血迅速,是一种临时性止血的好方法。身体部位不同,止血方法也有所不同。

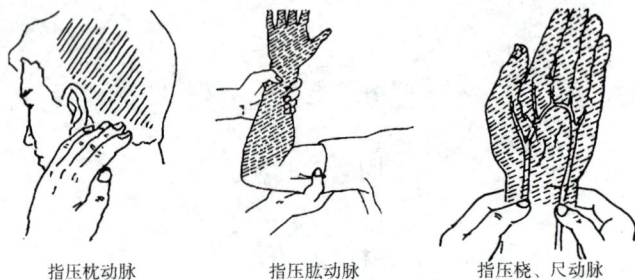

指压枕动脉　　　　指压肱动脉　　　　指压桡、尺动脉

图10-3　指压按压法

1.头面部指压止血法

(1)一侧头面部出血时,在颈根部同侧气管与胸锁乳突肌之间摸到颈总动脉搏动,然后用拇指或其他四指将其压向第5颈椎横突。

(2)一侧头顶部出血时,在同侧外耳门的前上方、颧骨弓部摸到颞浅动脉搏动点,然后用拇指或食指将其压向下颌关节面。

2.上肢指压止血法

(1)肩、腋部及上臂出血:先在同侧锁骨中点上方的锁骨上窝处摸到该动脉的搏动,然后用拇指压向后下方的第一肋骨面。

(2)前臂出血:先在上臂内侧中部的肱二头肌内侧沟处摸到肱动脉的搏动,然后用拇指或其他四指将其压向肱骨干。

(3)手部出血:先在手腕横纹稍上处的内、外两侧摸到尺、桡动脉的搏动,然后用两手拇指分别将其压向尺、桡骨面。

3.下肢指压止血法

(1)大腿以下部位出血:在腹股沟韧带稍下方处摸到股动脉的搏动,然后用双手拇指重叠用力将其压向耻骨下肢。

(2)足部出血:先摸到足背皮肤横纹中点的足背动脉和跟骨与内踝之间的胫后动脉,然后分别将其压向趾骨和跟骨。

(二)加压包扎止血法

加压包扎止血法指用无菌敷料覆盖伤口,然后用纱布、棉垫或绷带、布类做成垫子放在无菌敷料上,再用绷带或三角巾加压包扎,主要用于一般伤口出血的止血。包扎的压力应以达到止血而又不影响肢体远端血液流动为度。

（三）填塞止血法

填塞止血法指用无菌绷带或纱布填入伤口内压紧，外面加上大块无菌敷料加压包扎，主要用于肌肉、骨端等渗血的止血。该方法的缺点是止血不彻底，且会增加感染的机会。

（四）止血带止血法

止血带止血法是用胶管或用绳子之类(宽布条、三角巾和毛巾均可)绑扎在伤口的近心端，如图10-4所示，主要用于采用其他止血方法暂不能控制的四肢动脉出血。

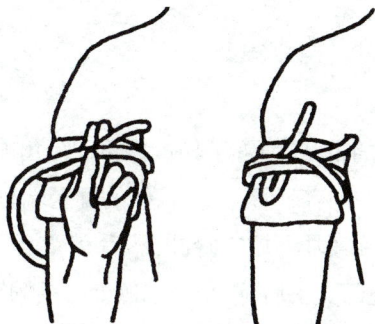

图 10-4　止血带止血法

🛡 **小贴士**

止血带止血法的包扎要点

(1)扎止血带的部位应尽可能地接近伤口，上肢扎在上臂的上1/3处，切忌扎在中部，以免损伤桡神经；下肢扎在大腿的中下1/3处；前臂和小腿不宜扎止血带，因其动脉从两骨间通过，易使血液阻断。

(2)扎止血带前要用衣服、纱布、棉布或毛巾等物作为衬垫，以免勒伤皮肤。

(3)扎止血带松紧要适度，以扎紧后血止并摸不到动脉搏动为度。

(4)止血带要做出显著标志(如红色布条)，并注明扎止血带的时间。止血带连续阻断血流时间不得超过1小时，且每1小时要慢慢松开1~2分钟。

五、包扎

包扎是外伤急救的基本技术之一。及时而正确的包扎，可以起到止血、减少感染、保护伤口、减少疼痛、固定敷料和夹板等作用。常用的包扎材料主要是三角巾和绷带，也可以用其他材料代替。包扎时应根据受伤部位不同而采用不同的方法。

（一）三角巾包扎法

1.头部帽式包扎法

将三角巾的底边向内折叠约两指宽，放在前额眉上，顶角向后拉，盖住头顶，然后将两底边沿两耳上方往后拉至枕部下方，左右交叉并压住顶角，再绕至前额打结固定，如图10-5所示。

2.头、耳部风帽式包扎法

将三角巾顶角打一个结，置于前额中央，然后将头部套入风帽内，并向下拉紧两底角，再将底边向外反扎2~3指宽的边，左右交叉包绕并兜住下颌，最后绕至枕后打结固定，如图10-6所示。

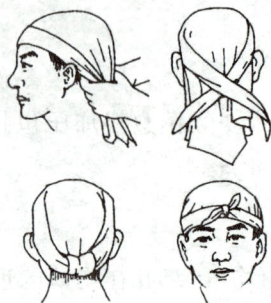

图 10-5　头部帽式包扎法　　　　图 10-6　头、耳部风帽式包扎法

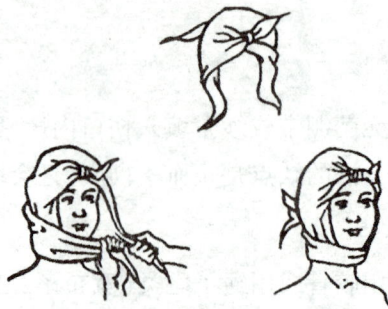

3.眼部包扎法

包扎单眼时,将三角巾折叠成四指宽的带状,斜置于伤侧眼部,从伤侧耳下绕至枕后,然后经另一侧耳上拉至前额与三角巾的另一端交叉,并反折绕头一周,最后在无伤一侧的耳上端打结固定,如图 10-7 所示。包扎双眼时,将带状三角巾的中央置于枕部,两底角分别经耳下拉向眼部,然后在鼻梁处左右交叉并各包住一只眼,形成"8"字形,接着将两底角经两耳上方向后拉,在枕部交叉后,再绕至下颌处打结固定,如图 10-8 所示。

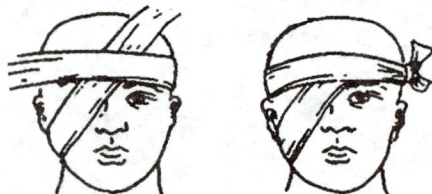

图 10-7　单眼包扎　　　　　　图 10-8　双眼包扎

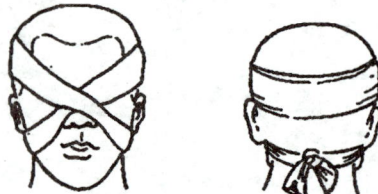

4.胸部包扎法

将三角巾的顶角置于伤侧肩上,底边置于胸前,然后将两底角横拉至背部打结固定,最后再将底角与顶角打结固定,如图 10-9 所示。

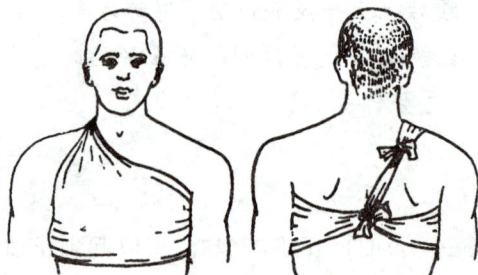

图 10-9　胸部包扎法

5.下腹部包扎法

将三角巾顶角朝下,底边横放在腹部,然后将两底角横拉至腰后打结固定,再将顶角从两腿间拉至腰后与底角打结固定。

6.肩部包扎法

包扎单肩时,将三角巾折叠成燕尾式,夹角朝上并放于伤侧肩部,向背部的底角压住向胸部的底角,然后将三角巾底边绕上臂在伤肩一侧的腋前方与顶角打结固定,再将三角巾两底角分别经胸部、背部拉到对侧腋下打结固定,如图 10-10 所示。包扎双肩时,则将三角巾底边放在两肩上,两侧底角向前下方绕腋下至背部打结,然后将顶角系带翻向胸前,在两侧肩前扎紧固定,如图 10-11 所示。

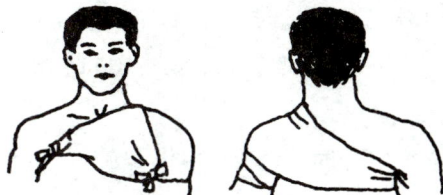

图 10-10　单肩包扎法　　　　　　　　　　图 10-11　双肩包扎法

7.膝、肘部包扎法

包扎膝、肘部时,将三角巾折叠成比伤口稍宽的带状,斜放在伤口处,然后用三角巾压住膝、肘部上下两端,并各绕两边肢体一周,最后在肢体内侧或远离伤口的一侧打结固定。

8.手、足部包扎法

将三角巾底边横放在腕(踝)部,手掌(足底)朝下并放在三角巾中央,然后将三角巾顶角向上翻折盖住手(足)背,再将两底角交叉压住顶角绕腕(踝)部肢体一周,最后反折顶角并与底角打结固定,如图 10-12 所示。

手掌

全手掌

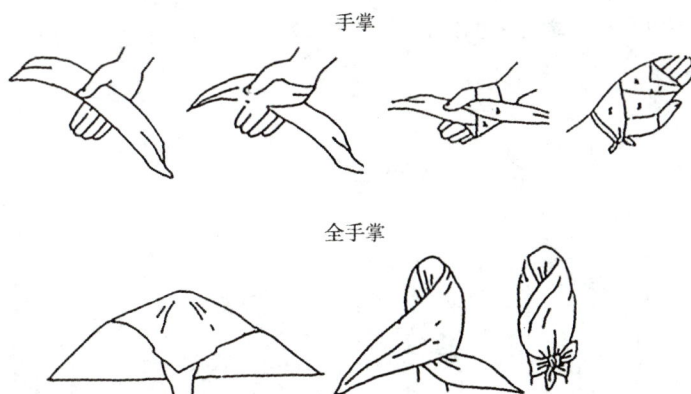

图 10-12　手部包扎法

9.臀部包扎法

将三角巾顶角朝下,底边放在伤侧臀部上方的腰部,然后将一底角向前包绕伤臀至大腿根部,将顶角从两腿间拉至大腿根部与该底角打结,再将另一底角提起绕腰与底边打结固定。

(二)绷带包扎法

1.环形包扎法

该法用于包扎手腕、胸、腹部等粗细大致相等的部位。包扎时,将绷带作环形缠绕,第 1 圈稍呈斜形,第 2 圈将第 1 圈斜出的一角压于环形圈内,最后环绕数周用胶布或别针固定,如图 10-13 所示。

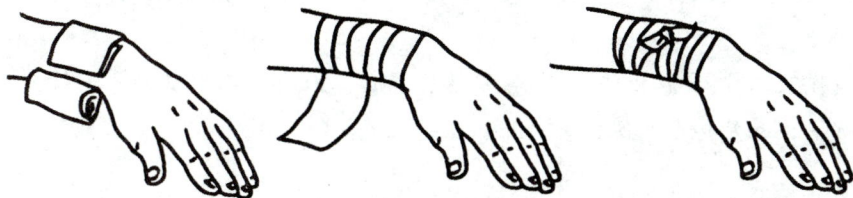

图 10-13　环形包扎法

2.螺旋形包扎法

该法用于包扎前臂、手指等肢体粗细不等但相差不大的部位。包扎时,第1圈与第2圈同环形包扎法,从第3圈开始将绷带作螺旋形向上缠绕,每绕1圈重叠1/2~1/3,绕成螺旋状,如图10-14所示。

3.反折螺旋形包扎法

该法用于包扎小腿、大腿等粗细不等且相差较大的部位。包扎时,先用绷带作螺旋形缠绕,待到渐粗的地方就每缠绕1圈在同一部位把绷带反折一下,盖住前圈的1/3~2/3,由下而上缠绕。需要注意的是,绷带反折处要避开伤口和骨突处,如图10-15所示。

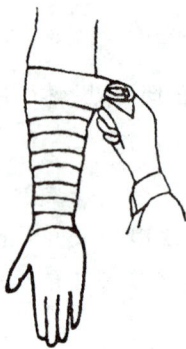

图 10-14　螺旋形包扎法　　　　图 10-15　反折螺旋形包扎法

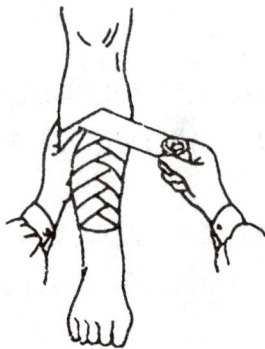

4.“8”字形包扎法

该法多用于包扎肩、肘、膝、踝等关节处。包扎时,将绷带一圈向上,一圈向下,每圈在正面和前一圈相交叉,并压盖前一圈的1/2,如图10-16所示。

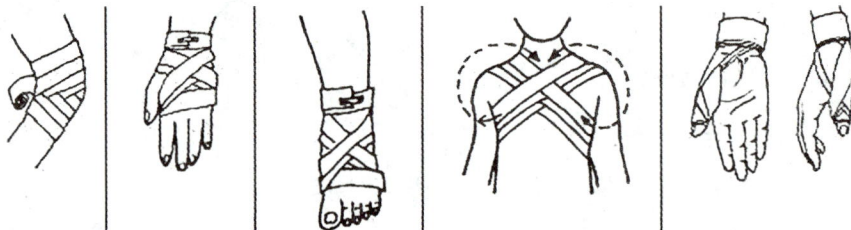

图 10-16　身体不同部位“8”字形包扎法

小贴士

包扎的注意事项

(1)包扎前,要清楚伤口及出血类型,以便选择适当的包扎方法,并先对伤口做初步的处理。

(2)包扎时,动作要轻、快、准、牢,且包扎的松紧要适度,不可过紧,以免影响血液循环,也不可过松,以免纱布移动或脱落。

(3)为骨折的四肢包扎时,应露出伤肢末端,以便观察肢体血液循环的情况。

(4)包扎材料打结的位置要避开伤口和坐卧受压的位置。

第三节　常见急症的救护

案例导入

女子突发心搏骤停,众人合力救回生命

2024年6月15日上午8点,在山东省青岛市某医院停车场内,一位刚刚到达该医院准备就诊的中年女子,突然倒地昏迷不醒,疑似心搏骤停。幸运的是,附近执勤的医院保卫科保安俞某和司机黄某反应迅速,上前营救,并与后续赶来的同事一起将患者送往急诊抢救。由于抢救及时,该女子最终脱险,转入心内科病房继续治疗。

(资料来源:保安跪地施救"抢"回一命[N/OL].(2024-06-19)[2024-06-20].https://epaper.guanhai.com.cn/conpaper/qdzb/html/2024-06/19/content_144794_941538.htm.)

案例思考

如何进行心搏骤停的现场急救?

一、心搏骤停的急救与处理

心搏骤停(Cardiac Arrest,CA)是指各种原因引起的、在未能预计的情况和时间内,病人心脏突然停止搏动,从而导致有效心泵功能和有效循环突然中止,引起全身组织细胞严重缺血、缺氧和代谢障碍的一种急症,如不及时抢救即可立刻失去生命。

(一)心搏骤停的诊断

心搏骤停的最可靠且出现较早的临床表现是意识突然丧失和大动脉搏动消失。急救者可一手轻拍病人肩膀并大声呼喊以判断其意识是否存在,同时触摸其颈动脉以感觉有无搏动。如果二者均已消失,即可做出心搏骤停的诊断,必须立即实施急救。

(二)心搏骤停的现场急救与处理

1.评估现场环境是否安全

急救者首先要对病人所处的环境状态进行评估,分清病情轻重缓急,做到安全救护、科学救护、智慧救护。

2.判断病人意识是否丧失

急救者在确认现场安全的情况下轻拍病人的肩膀,并大声呼喊以判断病人意识是否丧失。如果没有任何反应,说明病情很危急。

3.启动紧急医疗服务系统(EMSS)

及时拨打急救电话,启动紧急医疗服务系统(EMSS)。如果现场有多人,可一人拨打急救电话,一人对病人进行急救。如果现场有除颤器(AED),找人立即取过来。

4.检查呼吸和脉搏

迅速扫视病人的口鼻有无呼吸;将耳朵贴近病人口鼻,听口鼻处有无呼吸声,并侧头观察胸部有无起伏。同时,用食指和中指触摸病人颈动脉以感觉有无搏动,检查时间一般不能超过10秒。若病人无自主呼吸和脉搏,则应迅速进行急救。对于非专业急救人员,只要发现病人无反应、无自主呼吸就按心搏骤停处理,迅速实施急救。

5.实施心肺复苏程序

确保病人仰卧于坚硬的平地上,然后迅速进行胸外心脏按压、开放气道和人工呼吸。胸外心脏按压和人工呼吸的操作方法在本项目第二节已进行了详细讲解,此处不再赘述。开放气道主要有以下两种方法。

(1)仰头抬(举颏法)。救助者一手放在病人前额,用手掌把额头用力向后推,使头部向后仰,另一只手的中指和食指放在下颏骨处,将下颏向上抬动,如图10-17所示。

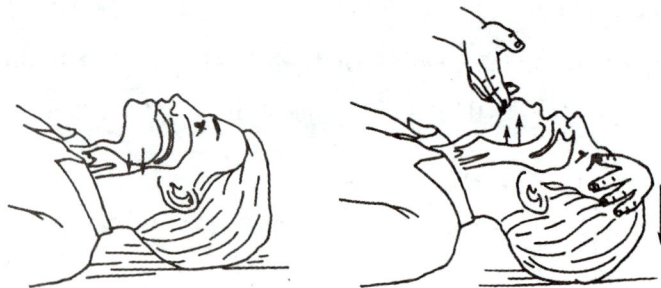

图10-17　仰头抬/举颏法

(2)托颏法。怀疑有颈椎损伤时,需用此法开放气道。把手放置在病人头部两侧,肘部支撑在病人所躺的平面上,握紧下颏角,用力向上托下颏,如病人紧闭双唇,可用拇指把口唇分开。

6.心脏除颤

当高度怀疑病人为心室颤动时,可用除颤器进行电击除颤。如果现场无除颤器,可用心前区叩击法。操作方法为将病人仰卧,急救者用握拳的尺侧距病人胸壁20~30厘米处迅速捶击胸骨中部1~2次,叩击结束后立即行CAB心肺复苏,5个周期后再判断叩击是否成功。

二、高血压急症的急救与处理

高血压急症是指高血压病人的血压显著或急骤升高,脑、心、肾、视网膜等重要器官的功能出现损害的一种严重危及生命的临床综合征。高血压急症的发病率占高血压人群的5%,常见的有高血压脑病、脑出血、急性左心衰竭、急性心肌梗死、恶性高血压等。对高血压急症病人进行急救时,应根据症状的不同,采取不同的急救措施。

(1)如果病人突然心悸气短,呈端坐呼吸状态,口唇发绀,肢体活动失灵,伴咯粉红泡沫样痰时,要考虑有急性左心衰竭的可能,应让病人双腿下垂,采取坐位。如果备有氧气袋,应让病人及时吸入氧气,并迅速通知"120"急救中心。

(2)如果病人血压突然升高,且伴有恶心、呕吐、剧烈头痛、心慌、尿频,甚至视线模糊等症状,即已出现高血压脑病,此时应安慰病人,让其卧床休息,并及时服用降压药,然后迅速通知"120"急救中心。

（3）病人在劳累或兴奋后，如果出现胸闷，心前区疼痛并延伸至颈部、左肩背或上肢，面色苍白、出冷汗等症状，则可能发生心绞痛、心肌梗死或急性心力衰竭。此时应让病人安静休息，然后迅速通知"120"急救中心。

三、气体中毒的急救与处理

气体中毒主要包括窒息性气体（如一氧化碳、硫化氢、氰化物等）和刺激性气体（如氯气、光气、二氧化碳等）中毒。比较常见和严重的气体中毒是一氧化碳中毒、氯气中毒、硫化氢中毒、氰化物中毒。

（一）一氧化碳中毒

一氧化碳又称煤气或瓦斯，为无色、无臭、无味、无刺激性气体，比空气略轻。生产中的一氧化碳中毒多是由于在炼钢、炼焦、矿井放炮等过程中通风不良；生活中的一氧化碳中毒多是由于燃气泄漏，或者冬季取暖时，煤及其他燃料燃烧不完全或烟道堵塞，室内门窗紧闭而通风不良，使一氧化碳含量增高。由于人们很难察觉出一氧化碳，因而绝大多数人是在不知情的情况下发生急性中毒，轻者影响健康，重者危及生命。一氧化碳中毒可导致全身组织缺氧，造成对氧最敏感的脑和心脏的损害。

1.中毒表现

开始时出现头痛、头晕、乏力、恶心、呕吐等症状，之后面色潮红、口唇樱红、烦躁或昏睡，继之出现昏迷、大小便失禁、四肢厥冷、口唇发绀、血压下降、四肢软瘫、强烈抽搐、呼吸困难等现象，严重者会因缺氧、呼吸循环衰竭而死亡。

2.现场急救

当发现有人一氧化碳中毒时，救助者必须迅速按下列程序进行救助。

（1）因一氧化碳的比重比空气略轻，故浮于上层，救助者进入和撤离现场时，宜以蹲位或俯卧位进出，打开门窗，使室内通风。

（2）迅速将中毒者转移出中毒现场，在通风保暖处平卧，解开衣领及腰带使其呼吸通畅。轻度中毒者会很快好转，有条件时可尽快给予高浓度的氧气。重度中毒者应同时呼叫救护车，随时准备送往有高压氧治疗的医院抢救。

（3）对昏迷的中毒者，将其头部偏向一侧，以防舌后坠或呕吐物误吸入肺内导致窒息。为促其清醒，可用针刺或手指掐人中穴。

（4）若中毒者呼吸停止，则需立即进行口对口人工呼吸。在抢救中，应注意为中毒者保暖，防止发生肺炎等并发症。

（二）氯气中毒

氯气为黄绿色、有剧烈刺激性的气体，比空气重，常在造纸过程中产生。氯气中毒是经呼吸道吸入或皮肤黏膜接触，引起以呼吸系统损害为主的全身性损伤。中毒症状为眼、鼻、咽喉烧灼感，刺痛，流泪，流涕，刺激性咳嗽，咳大量白色或粉红色泡沫痰，胸闷，憋气，呼吸困难，口唇发绀，昏迷。若吸入极高浓度氯气，则可反射性引起呼吸中枢抑制及心脏骤停，导致"闪电式"死亡。

（三）硫化氢中毒

硫化氢是一种刺激性、窒息性无色气体，呈"臭蛋样"气味，是在采矿、冶炼、制革等工业中和沼泽地、化粪池、下水道等有机物腐败场所产生的对人体有害的气体。中毒症状：轻者表现为流泪、眼刺痛、流涕或伴有头痛、恶心、呕吐等；中度中毒表现为咳嗽、胸闷、心悸、呼吸困难；较重者表现为昏迷、口唇抽搐、呼吸循环衰竭。

（四）氰化物中毒

氰化物为含有氰基的化合物,多有剧毒。中毒症状有流泪、眼刺痛、刺激性干咳,进而出现呼吸困难、胸闷、头昏、心悸、心率增快、皮肤黏膜呈樱桃红色,随即出现身体强直痉挛,甚至角弓反张等,严重者昏迷、口唇发绀、呼吸停止。口服中毒者可表现为恶心呕吐、腹泻等。

氯气中毒、硫化氢中毒、氰化物中毒的现场急救与一氧化碳中毒的急救程序相同。

四、晕厥的急救与处理

晕厥又称昏厥,是由一过性脑缺血所致的一种突发而短暂的意识丧失。此症在老年人中较为常见,中年人也可发生。一般情况下,多数病人在病情发作后,随着机体血液循环功能的改善,脑部有了较多的血液供应后,仅数秒或数分钟其症状会自然消失。引起晕厥的原因很多,主要有心源性晕厥、脑源性晕厥、体位性低血压晕厥等。

病人发生晕厥时,急救者应立即将病人移至平卧或头部稍低于脚部的体位,以使其脑部的供血得到改善。同时,要及时开窗使空气流通,解开病人的衣领、腰带,以保持呼吸道畅通;还可用手指按压病人的人中穴,促使其苏醒。有低血糖者,可喂糖水或静脉注射葡萄糖溶液。

🗇 知识拓展

不同类型晕厥的诱因如表10-1所示。

表10-1　不同类型晕厥的诱因

类型	诱因
心源性晕厥	疾病引起的心排血量减少或排血暂停,导致脑部缺血而发生的晕厥
脑源性晕厥	血压突然升高,脑血管强烈收缩、痉挛,导致脑缺氧而发生的晕厥。常见于患有高血压、脑动脉硬化、肾炎、妊娠中毒症等疾病的病人
体位性低血压晕厥	突然改变体位,血管紧张度来不及调整,导致脑部血液供应不足而发生的晕厥,如平卧时突然从床上坐起或久蹲后突然站起
血管神经性晕厥	由于情绪紧张、气候闷热、局部疼痛、疲劳、恐惧、饥饿等,反射性地引起病人全身小血管的广泛扩张,使回流到心脏的血液减少,心脏血液输出量也相应减少,从而引起脑部缺血、缺氧而发生的晕厥
代谢性晕厥	由于血糖过低,干扰了脑细胞的代谢而发生的晕厥。常见于患有糖尿病、严重肝病、胰岛肿瘤等疾病的病人
咳嗽性晕厥	剧烈咳嗽引起胸腔和腹腔压力升高,影响静脉回流和心脏血液排出,或者间接产生颅内压升高而增加脑血管阻力,导致脑缺血、缺氧而发生的晕厥

五、癫痫发作的急救与处理

癫痫是慢性反复发作性短暂脑功能失调综合征,以脑神经元异常放电引起反复痫性发作为特征。

（一）癫痫发作症状

1.全身强直阵挛发作

全身强直阵挛发作又称癫痫大发作,约占癫痫发作的50%,一般可分为四个时期。

（1）先兆期：有头晕、胃部不适等症状。

（2）强直期：突然意识丧失、倒地、头后仰、肢体强直，由于膈肌痉挛，病人常发出"羊羔"样吼叫，面色青紫、瞳孔散大、呼吸暂停，一般持续数十秒。

（3）阵挛期：全身肌肉有节律性抽动，常咬破舌头、口吐白沫，可伴有大小便失禁，一般持续数分钟。

（4）恢复期：病人一般要数十分钟才能清醒，对发作过程没有记忆，全身疼痛、乏力。个别病人在恢复期有狂躁、乱跑乱叫、打人毁物等情况。

2.失神发作

失神发作又称癫痫小发作，典型的表现为突发性精神活动中断，病人意识丧失，一般大多数意识完全丧失，偶尔意识障碍较浅，对周围有所了解，能听见问话，但不能回答。每次发作数秒，每日数次。意识障碍短暂而频发为其特点。

（二）癫痫发作的现场急救与处理

癫痫发作最大的特点就是不可预期。癫痫发作时十分危险，因此必须马上采取措施对病人进行急救。

1.全身性癫痫发作

发作时，病人意识丧失，全身抽搐或不动。此时，应迅速让病人侧卧，不要垫枕头，把缠有纱布的压舌板垫在上下牙齿间，以防病人自己咬伤舌头；将病人头偏向一侧，使口腔、鼻腔分泌物自行流出，防止口水误入气道，引起吸入性肺炎，甚至窒息；同时，把病人下颌托起，解开病人的衣物，以防呼吸不畅；在肢体抽搐时，不能用力按压或屈曲肢体，也不能强力制止抽搐，以免造成伤害；移开危险物品，以防发生意外。

2.部分性癫痫发作

发作时，病人的意识未丧失，身体部分抽搐。此时，可通过语言稳定病人情绪，引导病人离开危险环境，让病人慢慢复原。

六、中暑的急救与处理

中暑是指在高温、高湿度和通风不良的环境下，人体体温调节功能失调，体内热量过度积蓄，从而引发神经器官受损。

（一）中暑症状

一般中暑的表现症状有：体温超过 39 ℃、脉搏快、瞳孔缩小、意识丧失、精神错乱。严重中暑也称热衰竭，症状表现为：皮肤凉、过度出汗、恶心、呕吐、瞳孔放大、腹部或肢体痉挛、眩晕、头痛、意识丧失。

（二）中暑的现场急救与处理

（1）迅速将病人移到通风阴凉处，或移到空调房，解开衣领、腰带，使病人平卧休息。

（2）用冷水毛巾敷头部，风油精涂太阳穴，或用温水擦身降温，或在温水中浸浴降温。

（3）饮用凉开水、淡盐水、绿豆汤或清凉饮料，也可服用藿香正气水等。

（4）如以上措施未见效果，应立即将病人送医院就医。

（三）中暑的预防

（1）盛夏期间做好防暑降温工作，教室应经常开窗使空气流通，地面经常洒水，设遮阳窗帘等。

（2）合理安排作息时间，不宜在炎热的中午或强烈日光下过多活动。

（3）穿单薄、浅色、宽松的衣服，以利散热。

（4）有头痛、心慌等情况时应立即到阴凉处休息、饮水。

七、休克的急救与处理

休克是机体遭受强烈的致病因素(如大出血、剧烈疼痛、过敏等)侵袭后,由于有效循环血量锐减,组织血流灌注广泛、持续、显著减少,致全身微循环功能不良,生命重要器官严重障碍的综合征。休克可分为低血容量性休克、心源性休克和血液分布性休克。如果休克时间过长可能造成死亡,因此发生休克时必须及时抢救。

(一)休克的症状

休克发生时,病人往往出现心率加快,脉搏细弱,皮肤湿冷,面色苍白或青紫,表情冷漠,体温下降,烦躁不安,反应迟钝甚至昏迷等症状。

(二)休克的现场急救与处理

(1)立即拨打急救电话,尽量少搬动病人,使其保持安静。

(2)让病人平卧,把双脚垫高,以增加脑部的血液供应,有条件时给病人吸氧。

(3)如果病人呼吸困难,可以将病人的头部和肩部垫高,以利于呼吸。若病人呼吸停止,要立即对其进行人工呼吸。

(4)注意保暖,给病人盖上毯子或被子,但不能过热。

(5)如果病人有外伤出血,应立即止血。

八、骨折的急救与处理

骨折是指骨的完整性和连续性在外力的作用下遭到破坏的一种损伤。一旦出现骨折,切勿随意移动伤肢,应先用夹板或其他代用品固定伤肢。如病人出现休克,应先实施人工呼吸。若伴有伤口出血,应同时进行止血,并及时送往医院治疗。以下是几种常见骨折的固定方法。

(1)前臂骨折的固定方法:首先在骨折突出处加垫敷料,然后将长度超过肘关节和腕关节的两块夹板分别置放在前臂的掌侧和背侧,并用绷带或三角巾将伤肢与夹板打结固定,然后用绷带或三角巾等将固定好的前臂悬挂于胸前。

(2)上臂骨折的固定方法:首先在骨折突出处加垫敷料,然后将一块夹板放在伤臂外侧,并用两条绷带将夹板与伤肢的肘、肩两关节固定,再将前臂屈曲悬挂于胸前。

(3)小腿骨折的固定方法:首先在骨折突出处加垫敷料,然后将长度超过大腿中部和脚跟的夹板置于骨折小腿外侧,再用绷带分段固定伤口的上下两端和膝、踝关节,并使脚掌与小腿垂直。若无夹板,可在膝、踝部垫好敷料后,将伤肢与健肢并列对齐固定。

(4)大腿骨折的固定方法:首先在骨折突出处加垫敷料,然后将长度为从腋下至脚跟的夹板置于伤肢外侧并固定。

(5)脊椎骨折的固定方法:将病人平托起来放到硬木板上,并使其仰卧,然后用绷带将病人的胸、腹、髋、膝、踝部固定在木板上。在脊椎骨折急救过程中,千万不能使用软担架搬运或徒手搬运病人,以免病人的脊椎弯曲和扭转。

(6)颈椎骨折的固定方法:让病人仰卧在木板上,并尽快给病人安上颈托,无颈托时可用沙袋、衣服或棉垫填塞住病人头部两侧、颈下、肩部两侧,以防头部左右摇晃,然后用绷带或三角巾将病人的额头、下巴尖、胸部固定于木板上。

九、烧伤、烫伤的急救与处理

小面积烫伤或烧伤应立即用流动的清水冲洗，并在冷开水或干净凉水中浸泡 20~30 分钟，以减少创伤部位残余的热量，可以缓解疼痛，减少组织水肿和水泡形成。另外，有些烧伤是由化学物质引起的，及时有效的冲洗可以冲掉有毒的化学物质，减少伤害，同时不要进行以下操作处理。

（1）不要揉搓、按摩、挤压烫伤的皮肤，也不要急着用毛巾擦拭，伤处的衣物应剪开取下，以免表皮剥脱使皮肤的烫伤加重。

（2）不要在冲洗后的创面上自涂酱油、香油、小苏打等，这些做法会污染创面，造成感染；也不要在创面上涂紫药水或红汞（汞溴红），因为这样做非但起不到作用，还会遮盖创面，为诊断带来麻烦，而且较大面积涂红汞会引起汞中毒。

（3）不严重的轻度烫伤可在家中处理。对于发生在四肢和躯干上的创面可涂上烫伤药膏；不要包扎，要使创面裸露，与空气接触，并使创面保持干燥，这样能加快创面复原。

（4）如果伤面上出现了水疱，不要自行将水疱弄破，以免造成感染。如果出现较大的水疱或水疱已破，应到医院消毒处理。

对于严重烫伤和烧伤，应尽快去正规烧伤专科医院治疗，千万不要延误治疗，造成不良后果。

十、咬伤与蜇伤的急救与处理

咬伤与蜇伤的急救与处理如表 10-2 所示。

表 10-2　咬伤与蜇伤的急救与处理

被蛇咬伤的急救与处理	（1）被蛇咬伤后要保持镇静，不可慌张奔跑，应限制患肢活动，患肢宜置于下垂位置，以免加速毒液扩散和吸收。 （2）立即就近用绳索、手帕、植物藤条或布带等在伤口的近心端约 5 厘米处捆扎，以阻断静脉回流，减少毒素的吸收、扩散。每隔 15~30 分钟放松 1~2 分钟，松紧以远端肢体不出现青紫为度。 （3）用井水、泉水、茶水、自来水或 1:5 000 高锰酸钾溶液反复清洗伤口。 （4）用火罐、吸奶器、吸引器将毒液吸出。紧急情况下，如急救者口腔无破损时，可直接用嘴吮出毒液，注意要边吸边吐、边漱口。 （5）在牙痕之间作"一"字形或"十"字形小切口。用手由伤肢上部向下部、由四周向伤口挤压 10~20 分钟，促使毒液排出，也可用针刺排毒（在肿胀的下端每隔 2~3 厘米刺一针孔）。然后，尽快将伤者送往医院进行治疗
被狗、猫咬伤（抓伤）的急救与处理	（1）被狗、猫咬伤（抓伤）后，应就地及时正确处理伤口，可用浓肥皂水反复清洗伤口，然后用清水冲洗，再用 3% 的碘酒或 75% 的酒精消毒。涂擦完毕后，不必包扎伤口，任其裸露。 （2）及时到医院进行处理，注射狂犬疫苗或高效免疫血清
被蜈蚣咬伤的急救与处理	（1）立即用肥皂水、小苏打水等碱性水溶液冲洗伤口，以中和蜈蚣的酸性毒液。 （2）冲洗后包扎，包扎伤口时不需要用碘酒或红汞涂抹伤口。 （3）若伤口处疼痛剧烈，可酌情口服止痛片。 （4）若伴有全身毒血症症状，如头痛、头晕、发热、呕吐时，应到医院进一步处理。 （5）如在野外被咬伤，可用鲜桑叶、鲜蒲公英或鱼腥草捣烂外敷

续表

被蝎子蜇伤的急救与处理	（1）若伤及四肢,应立即用绷带、止血带、布条等绑扎在伤口近心端,同时用镊子或针头小心挑去伤口中留下的毒刺,用吸引器或拔火罐吸出毒汁。 （2）用碱性液体如肥皂水或 1∶5 000 高锰酸钾溶液清洗伤口。 （3）若伤口周围红肿,可进行冷敷。 （4）多喝水,以利排毒。若疼痛严重时,适当服用止痛片。 （5）尽早送往医院治疗

学以致用

1.学习现场急救知识有什么作用?

2.对于常见的急症救护,学生应该掌握哪些基本常识?

项 目 实 训

实训任务:为了增强中职生的生命安全的意识,树立"人人学急救,急救为人人"的观念,学校要求以班级为单位开展以"'救'在身边"为主题的急救知识实践培训,旨在让学生掌握医疗救护的基本技能,增强自救与互救能力。

实训要求:请学生认真体验该任务,学习和掌握相应的急救知识。实训工单见表10-3,实训评价表见表10-4。

表 10-3 实训工单

正确拨打医疗急救电话"120"的流程	
正确使用担架及搬抬患者的注意事项	
常见包扎法的包扎步骤	
胸外心脏按压法的步骤	
除颤器(AED)使用方法	
心肺复苏术、海姆立克急救法实施步骤	
急救实践心得体会	

表 10-4 实训评价表

专业		班级		组别	
姓名		学号		成绩	

实训中遇到的问题	
解决方法	
思考总结	

教师审阅意见：

签名：

年　月　日

参 考 文 献

［1］雷思明.安全教育指导与实践［M］.上海:华东师范大学出版社,2019.

［2］李声武.中职生安全教育读本［M］.北京:北京理工大学出版社,2016.

［3］李永志,梁朝阳,付洪涛.安全教育知识读本［M］.长春:东北师范大学出版社,2013.

［4］魏立华.食品安全知识必读［M］.北京:中国质检出版社,2015.

［5］安全教育编写组.中职生安全教育读本［M］.北京:高等教育出版社,2015.

［6］闫黎栋,雷晓华,刘玉静,等.中职生安全教育［M］.北京:中国人民大学出版社,2024.

［7］张勇,张正竹,彭福吉.中职生安全教育［M］.北京:航空工业出版社,2020.

［8］朱昱彦,耿勃,贾世鹏.安全教育读本［M］.长春:吉林出版集团股份有限公司,2020.

［9］刘志,郭振芳,滕湘君.安全教育［M］.成都:电子科技大学出版社,2020.

［10］彭凌龄.中职生劳动教育教程［M］.上海:同济大学出版社,2020.

［11］劳琼梅,杨敏斌,李明海.中职生安全教育［M］.北京:北京理工大学出版社,2022.

［12］侯再刚,马强,刘富强.中职生安全教育［M］.北京:中国人民大学出版社,2023.

［13］张大凯,聂彩林,胥长寿.高职学生安全教育通论［M］.北京:航空工业出版社,2018.

［14］马超,孙先剑,侯明新.中职生安全教育［M］.北京:北京理工大学出版社,2022.